国家社科基金
GUOJIA SHEKE JIJIN HOUQI ZIZHU XIANGMU
后期资助项目

生态文明体系论

Theory and Practice on Eco-Civilization System

黄承梁 著

中国社会科学出版社

图书在版编目(CIP)数据

生态文明体系论/黄承梁著.—北京:中国社会科学出版社,2023.5
ISBN 978 - 7 - 5227 - 1801 - 9

Ⅰ.①生…　Ⅱ.①黄…　Ⅲ.①生态文明—建设—研究—中国
Ⅳ.①X321.2

中国国家版本馆 CIP 数据核字(2023)第 065365 号

出 版 人	赵剑英
责任编辑	李凯凯
责任校对	李　莉
责任印制	王　超

出　　版	中国社会科学出版社
社　　址	北京鼓楼西大街甲 158 号
邮　　编	100720
网　　址	http://www.csspw.cn
发 行 部	010 - 84083685
门 市 部	010 - 84029450
经　　销	新华书店及其他书店

印　　刷	北京君升印刷有限公司
装　　订	廊坊市广阳区广增装订厂
版　　次	2023 年 5 月第 1 版
印　　次	2023 年 5 月第 1 次印刷

开　　本	710 × 1000　1/16
印　　张	13.75
字　　数	248 千字
定　　价	75.00 元

国家社科基金后期资助项目

出 版 说 明

　　后期资助项目是国家社科基金设立的一类重要项目，旨在鼓励广大社科研究者潜心治学，支持基础研究多出优秀成果。它是经过严格评审，从接近完成的科研成果中遴选立项的。为扩大后期资助项目的影响，更好地推动学术发展，促进成果转化，全国哲学社会科学工作办公室按照"统一设计、统一标识、统一版式、形成系列"的总体要求，组织出版国家社科基金后期资助项目成果。

全国哲学社会科学工作办公室

前　　言

　　生态文明建设是写入宪法且为宪法根本大法所保障的事关中华民族永续发展的根本大计、千年大计。党的十九届六中全会通过的《中共中央关于党的百年奋斗重大成就和历史经验的决议》指出，"党的百年奋斗深刻影响了世界历史进程。党和人民事业是人类进步事业的重要组成部分"，"党领导人民成功走出中国式现代化道路，创造了人类文明新形态，拓展了发展中国家走向现代化的途径，给世界上那些既希望加快发展又希望保持自身独立性的国家和民族提供了全新选择"。[1] 党的二十大指出，以中国式现代化全面推进中华民族伟大复兴。这其中，建设人与自然和谐共生的现代化是中国式现代化的重要特征。促进人与自然和谐共生是中国式现代化的本质要求。基于此，生态文明建设既是中国特色社会主义"五位一体"总体布局的重要内容，又是到本世纪中叶实现中华民族伟大复兴、建成富强民主文明和谐美丽的社会主义现代化强国的内在要求和重要表征。

　　在我国明确承诺力争于 2030 年前实现碳达峰、2060 年前实现碳中和的时代背景下，生态文明建设对中华民族永续发展和推动构建人类命运共同体的重要意义将更加凸显，也将必然更好地促进我国人与自然和谐共生的现代化建设，继续发展和完善中国式现代化，为人类文明新形态贡献生态文明的力量。与此同时，作为新时代生态文明建设根本思想遵循的习近平生态文明思想，越来越彰显出其世界性的意义。"党推动构建人类命运共同体，为解决人类重大问题，建设持久和平、普遍安全、共同繁荣、开放包容、清洁美丽的世界贡献了中国智慧、中国方案、中国力量，成为推

---

[1] 《中共中央关于党的百年奋斗重大成就和历史经验的决议》，《人民日报》2021 年 11 月 17 日。

动人类发展进步的重要力量。"① 站在实现第二个百年奋斗目标新征程新起点上，要更好学习、把握和深化理解党的二十大精神，统筹把握习近平生态文明思想、生态文明建设与中国式现代化和人类文明新形态的内在逻辑一致性，既从生态文明视角不断深化对中国式现代化道路和人类文明新形态的认识，又从中国发展大历史、世界变化大格局、人类发展大潮流中，更加深入理解习近平生态文明思想，全面推动习近平生态文明思想话语构建和国际传播，推动和引领人类文明发展进步。②

应当看到，社会主义生态文明从术语、概念和思潮的兴起到纳入"五位一体"社会主义建设总体布局，其间已经经历相当长的一个历史时期。但不论从国内看，还是从国际看，我们都缺乏一套完整科学的生态文明理论体系、话语体系。特别是面向全球气候变化《巴黎协定》新未来，放眼2030年全球可持续发展新议程，为实现我国自主向世界承诺2030年、2060年实现碳达峰和碳中和的战略愿景，我们尤其需要将生态文明建设作为中国积极参与和引领全球生态环境治理新的话语体系。从话语体系和实践体系看，对于这一宏大的人类文明新形态、新范式，中国式现代化道路的重要特征，国内外的话语主导权却是散见于生态环境保护、生态伦理、可持续发展、生态经济、绿色低碳等工具视角，生态文明没有形成全面、系统的理论体系和实践体系。

马克思主义从来都是开放的理论体系，马克思主义本身不仅存在随着实践发展、继续发展的问题，也存在着若干专门领域的创新性发展问题。当代中国生态文明建设，当其以推动经济社会发展全面绿色转型的使命或社会文明新形态出现，作为社会形态全面构成要素的经济基础、产业基础、国家治理、制度建设、社会面貌、文化形态，应实现什么样的转型、以何种方式转型，马克思主义创始人没有给出具体答案。

党的十八大以来，习近平总书记以马克思主义者的理论境界、开放视野和博大胸怀，就生态文明建设作了一系列重要论述，提出了一系列事关生态文明建设基本内涵、本质特征、演变规律、发展动力和历史使命等的崭新科学论断，形成了习近平生态文明思想，全面、系统、深刻回答了当代中国和世界生态文明建设发展面临的一系列重大理论和现实问题，是人类社会实现绿色发展的共同财富。

---

① 《中共中央关于党的百年奋斗重大成就和历史经验的决议》，《人民日报》2021年11月17日。

② 黄承梁：《从生态文明视角看中国式现代化道路和人类文明新形态》，《党的文献》2022年第1期。

　　2018 年 5 月，全国生态环境保护大会召开。正是这次会议，给中国共产党百年人与自然关系史添上了浓墨重彩的一笔，形成我们党的历史上第一次关于马克思主义人与自然关系思想的专门学说——习近平生态文明思想。大会第一次完整提出了"生态文明体系"的概念范畴和发展范式，涉及生态文化体系、生态经济体系、生态文明制度体系、生态环境质量目标责任体系及生态安全体系五大方面。这里根本的意义在于，它实质上为我们所要建设的人与自然和谐的经济社会指明了怎样建设生态文明的实践体系，提供了基于经济建设、文化建设、政治建设和社会建设全方位、绿色化的转向转型之路，也为从根本上、整体上推动物质文明、政治文明、精神文明、社会文明和生态文明协调发展提供了理论基石。在这里，（1）"以生态价值观念为准则的生态文化体系"是生态文明建设的思想保证、精神动力和智力支持。（2）"以产业生态化和生态产业化为主体的生态经济体系"是生态文明建设的物质基础。（3）"以治理体系和治理能力现代化为保障的生态文明制度体系"是生态文明建设体制机制创新和制度创新的政治保障和组织保障。（4）"以改善生态环境质量为核心的目标责任体系"体现生态文明建设以人民为中心的发展思想，推动生态文明社会逐步培育、发展和日趋完善。（5）"以生态系统良性循环和环境风险有效防控为重点的生态安全体系"体现生态文明建设是实现中华民族永续发展的千年大计、根本大计。严谨、科学的理论体系以及日益推进、完善的实践体系，为当代中国和人类社会生态文明建设交出了创造性的理论和实践答卷，也为创立当代马克思主义生态文明学说体系做出了历史性的贡献。①

　　以习近平同志为核心的党中央对"生态文明体系"的内涵界定和所要达成的目标设定，表明"生态文明体系"是事关国家生态文化、生态经济、生态制度、生态目标责任、生态安全等的全方位变革，是涉及价值理念、生产方式、发展方式、生活方式、制度体系、文明转型、社会全面转型的一场全方位、立体式和系统性变革。这也从实质上指出，生态文明是人类社会继原始文明、农业文明和工业文明之后的重大文明形态。

　　从马克思主义整体研究视域，特别是中国特色哲学社会科学"三大体系"建设看，"生态文明体系"对人类社会实现由工业文明向生态文明范

① 黄承梁：《论习近平生态文明思想自然历史的形成和发展》，《中国人口·资源与环境》2019 年第 12 期。

式转型具有历史意义,体现了学科体系、学术体系和话语体系的全面绿色变革。

一方面,只有产业革命、政治革命和文化革命的多重变革,社会的文明形态才能够形成。关于社会,马克思在《雇佣劳动与资本》中指出:"各个人借以进行生产的社会关系,即社会生产关系,是随着物质生产资料、生产力的变化和发展而变化和改变的。生产关系总合起来就构成为所谓社会关系,构成为所谓社会。"① 从社会中分离出来的管理者,为了实现国家与社会的统一而非二元代理,由此形成了自己的政治制度,并规定了与该社会形态生产发展水平、经济结构以及与此相适应的社会心理和政治心理。基于此,只有产业革命、政治革命和文化革命的多重变革,社会的文明形态才能够形成。工业革命和工业文明如此,生态文明也不例外。

另一方面,生态文明需要物质基础建设、制度建设和文化建设,生态文明体系能够推动生态社会的全面形成。习近平总书记深刻指出:"历次产业革命都有一些共同特点:一是有新的科学理论作基础,二是有相应的新生产工具出现,三是形成大量新的投资热点和就业岗位,四是经济结构和发展方式发生重大调整并形成新的规模化经济效益,五是社会生产生活方式有新的重要变革。这些要素,目前都在加快积累和成熟中。"② 这也都昭示着"生态文明体系"是推动社会"全面绿色转型"、人类文明由工业文明向生态文明范式转型的宏大的、整体发展视域的基本构建和战略选择。

正是基于以上认识,本书以习近平生态文明思想为根本遵循,以习近平总书记在全国生态环境保护大会上的讲话中提出的"生态文明体系"为主轴,以马克思主义人与自然辩证法、马克思主义哲学和科学社会主义学说为理论基石,以我国杰出的生态学家、科学家、哲学家钱学森产业革命理论为启示,以当今时代(生态)科技哲学变革要求建设生态文明、实现生态技术创新为使命意识和责任动力,以面向 2030 年、2060 年重大历史时间节点构建人与自然生命共同体、促进人类命运共同体为目标愿景,以党的二十大精神为指引,完成如下架构:(1)生态文明体系与生态文明建设战略研究;(2)生态文明体系建设推动经济社会发展全面绿色转型;(3)加快构建生态文化体系研究;(4)加快构建生态经济体系与高质量发

① 《马克思恩格斯选集》第 1 卷,人民出版社 1995 年版,第 345 页。
② 中共中央文献研究室编:《习近平关于科技创新论述摘编》,中央文献出版社 2016 年版,第 24 页。

展新产业、新业态、新模式；（5）生态文明制度体系建设问题与建议；（6）生态安全与中华民族永续发展——基于流域的生态文明战略开展内在逻辑研究，力求为我国生态文明建设特别是加快生态文明体系建设，以及应用型和理论型、基础理论战略研究和前沿产业实证研究提供认识论、实践论。

本书从体例结构上，共分上中下三篇，分别为前言、正文（计九章）和后记。这其中：

上篇为第一章和第二章，总计两章。主要阐述了生态文明的基本内涵、发展演进历程和历史脉络，特别是从比较范畴，就生态文明与工业文明的内在逻辑、中国共产党生态文明建设的历史必然、中国生态文明与中国式现代化和人类文明新形态的内在关系进行了系统论述。习近平生态文明思想作为新时代生态文明建设的根本思想遵循和人类社会实现由工业文明向生态文明范式转型的共同财富，其自然历史的形成过程、历史地位、基本原则和实践指引，在上篇得到了充分阐释和阐发，能够起到以总论的形式对中篇，即怎样建设生态文明、怎样构建生态文明体系进行总引领的作用。

中篇为第三章到第七章，总计五章。从生态文化体系、生态经济体系、生态文明目标责任体系、生态文明制度体系、生态安全体系五个方面，既探求五大体系的理论基础，又以习近平新时代中国特色社会主义思想，特别是习近平生态文明思想、习近平经济思想、习近平法治思想为遵循，提出各大体系构建的理论基石和实践论。

下篇为第八章和第九章，总计两章。一是从人类命运共同体视野探讨共谋全球生态文明建设之路；二是从科技哲学角度出发，重在阐述阐发生态文明作为人类文明新形态的历史必然；三是着眼《2030年人类可持续发展议程》和中国2030年、2060年双碳目标的形成，探讨生态文明建设要向何处去。

总体看，上中下三篇是总分总的体例结构。前言和后记，既有概论性、总结性的揭示和描述，也有对整体参考文献的说明。从研究方法上，本书通过文本和文献分析法、整体范畴比较分析法，对马克思主义哲学、马克思主义政治经济学、科学社会主义经典文献以及习近平新时代中国特色社会主义思想特别是习近平生态文明思想文献进行全方面、系统性理解和把握，在宏观层面将生态文明体系置于马克思主义整体观的宏大视野和框架中进行研究，联系当前我国社会建设的实践以及所面临的生态问题进行理论研究和实践探索，为解决新时代生态文明建设实际问题提供理论支撑和实践指引。

一　主要学术创新

整体观上，本书的创新点主要在于以"生态文明体系"为中心的马克思主义整体观。一是系统阐释其与被纳入"五位一体"中国特色社会主义总体布局的生态文明之间的内在关系；二是阐述生态文明诸体系与习近平生态文明思想、马克思主义人与自然辩证法、中华优秀传统文化特别是中华优秀传统生态智慧、马克思主义哲学、科学社会主义、钱学森产业革命理论以及人类命运共同体之间的内在整体性关系。总之，"生态文明体系"是实现生态文明这一人类文明更高形态的基本路径、实践抓手，将从整体上推动人类社会全面绿色转型。

（1）在学术思想上，本书在汲取马克思主义生态哲学思想的基础之上，突破了学界囿于生态危机根源、人与自然关系理论的一般认识，引入马克思主义人与自然关系一般学说作为理论来源，重新明确和夯实了生态文明建设的基础理论。

（2）在学术整体观上，本书的创新点主要在于一定程度上系统地阐述了生态文明体系与马克思主义经典作家在生态文明思想上的不同特征，特别是贯穿了习近平生态文明思想作为马克思主义人与自然关系思想中国化最新成果的指导地位。

（3）在学术观点上，阐述习近平生态文明思想作为马克思主义中国化的最新成果对于生态文明基础理论以及基于理论的实践论的指导意义。如就习近平总书记关于"保护生态环境就是保护生产力"这一科学论断而论，深刻揭示了自然生态作为生产力内在属性的重要地位，既以其鲜活的语言和深刻论断强化了马克思恩格斯所强调的第一类和第二类自然富源资源是自然生产力重要组成部分的认识观，又把整个自然生态系统纳入整个生产力范畴，是对马克思主义自然生产力观的极大丰富和发展，也是对改革开放40多年来，我们对生产力的绿色属性鲜讲或者讲得不够的质的矫正。

（4）在学术全球视野上，本书指出必须以人与自然生命共同体重塑中国生态文明建设，特别是习近平生态文明思想对人类命运共同体的独特贡献。当今世界，自然科学与技术在改变人们生产方式和生活方式的同时，也带来了潜在的、不可控的风险。科学技术的发展既有与人的需求和发展相和谐的一面，也有与人的需求和发展相冲突矛盾的一面。进入21世纪，人类社会已经逐步迈向一个新的文明时代，即生态文明新时代。这是不以人的意志为转移的客观存在。生态文明本身就是对工业文明发展理念的科学扬弃，资本主义部分发达国家今天在绿色技术方面的重大突破和绿色产业方面的大范围实践，表明生态文明正在何种程度上，更加接近和符合习近平总书记关于"生态文明是工业文明发展到一定阶段的产物"、生态文明是"实现人与自然和谐发展的新要求"的科学论断。

二　主要观点突破

本书认为，尽管生态文化体系、生态经济体系、生态文明目标责任体系、生态文明制度体系、生态安全体系都是生态文明体系的重要组成部分，但并不等于说一定要齐头并进、平均用力。

本书力图从马克思主义生产力和生产关系这一作为推动人类社会前进根本变革力量的关系范畴出发，揭示出自然生态作为生产力内在属性的重要地位，以"绿色生产力"的阐释，以生态经济体系的构建，丰富和发展马克思主义自然生产力观。

（1）走向社会主义生态文明新时代，必须把人类的文明、人类的生态和人类生态社会的文明区分开来。文明是历史的文明，生态是历史的生态。只要有人类的历史，就有文明的历史，就有人如何与自然相处的自然演进史。这即是说，人类要想良好生存和永续发展，就不能破坏他赖以生存和存在的自然生态环境。不论是原始社会、农业社会还是工业社会，都要讲生态保护、都要讲可持续，这是人类社会之所以延续至今的运行法则。

（2）生态文明从根本上说，却是受马克思主义生产力与生产关系矛盾对立统一规律支配的人类社会发展及其历史和文明形态的更高层次、更高阶段，更加符合人类社会发展由必然王国走向自由王国的发展趋势。关于生态文明的发展阶段，习近平总书记提出"生态文明是工业文明发展到一定阶段的产物，是实现人与自然和谐发展的新要求"[①]。这一论断表明习近平生态文明思想不仅关注人类生态与文明、人类社会整体进程中人类认识和改造自然的一般规律，还以当代工业文明和现代化建设现状及其历史趋势为研究对象，所要揭示的是工业文明发展到一定阶段后人类社会如何实现人与自然和谐共生的特殊规律。

（3）中国要形成由生态文明推动工业文明向人类更高文明阶段转型，就必须发展以产业生态化和生态产业化为主体的生态经济体系，而这个前

① 中共中央文献研究室编：《习近平关于社会主义生态文明建设论述摘编》，中央文献出版社 2017 年版，第 6 页。

提就在于"生态技术"。社会本质上是人与人之间基于生产力发展所形成生产关系的总和。历史上任何一种社会形态的确立和发展，都有与之相适应的物质基础，也包括物质技术的表现形式。马克思指出："手推磨产生的是封建主为首的社会，蒸汽磨产生的是工业资本家为首的社会。"① 在人类历史发展总过程中，更高、更进步的社会形态总是拥有更为发达和先进的物质技术基础。社会主义生态文明建设，作为人类社会崭新的文明形态，既要发展和完备社会主义社会可持续发展的物质基础，也理应有体现生态文明水平的更高物质技术基础。

基于此，在生态文明建设实践和实际工作中，我们不能把中国共产党视生态文明建设为其全新的、指导和推动经济社会全面绿色转型的"绿色发展观"，简单地与环境保护等同起来，从而使生态文明沦落为"工具价值"。

总之，生态文明建设事关中华民族永续发展，是"国之大者"。近年来，党中央高度重视生态文明建设，将人民富裕、国家富强、中国美丽作为未来发展的奋斗目标和努力方向。本书的突出特色和主要建树在于：提出必须坚持马克思主义整体观特别是习近平生态文明思想对生态文明建设作为人类社会发展基本规律的遵循；中国要形成由生态文明推动工业文明向人类更高文明阶段转型的新局面，必须发展以产业生态化和生态产业化为主体和核心的生态经济体系（包括生态技术体系）；不能走"泛生态文明主义"和"极端生态主义"之路。特别是，本书突破了解放生产力与发展生产力的传统局限，为生产力赋予绿色属性，力图为实现人与自然和谐发展、构建人类命运共同体以及落实中国 2030 年可持续发展目标，实现碳达峰及碳中和 2030 年、2060 年目标奠定坚实的理论基石。

当然，一方面，限于作者水平有限；另一方面，虑及生态文明建设相较于人类原始文明、农业文明、工业文明的历史性范畴而言，仍然处在人类文明变革的前夜或起点阶段，许多观点、立场、论断论述，必然随着实践的推进而不断被扬弃，甚至是被完全否定。基于此，敬请大家批评指正，不吝赐教。

① 《马克思恩格斯选集》第 1 卷，人民出版社 1995 年版，第 142 页。

目　　录

下篇　结语·展望

上 篇

总 论

第一章 生态文明从思潮到社会 形态的历史演进[*]

　　工业文明强调人类对自然的征服，以人类中心主义的姿态对地球立法、为世界定规则。其引发的世界范围内的资源短缺、环境破坏和生态系统退化的现实难题与灾难，使"人类中心主义"向"泛人道主义"和"生态中心论"方向演进。马克思主义理论家更加注重人与自然生态关系的全方位探索，指出世界是"人—社会—自然"的复合生态系统。这为中国共产党于党的十七大首次将生态文明写入党代会报告并确立建设生态文明的历史任务提供了思潮支持。党的十八大以来，生态文明建设的理论与实践呈现出阶段性与整体性的有机统一，社会主义生态文明发生了由思潮到社会形态的根本性转变，昭示了一个生态文明社会的全面到来。

第一节　工业文明的生态问题和世界环境 保护运动的兴起

一　工业文明的成就和生态问题

　　习近平总书记指出："工业文明创造了巨大物质财富，但也带来了生物多样性丧失和环境破坏的生态危机。"[1] 17—18 世纪，以蒸汽机和纺织机的发明和出现为重大标志，揭开了工业文明时代的序幕，人类社会也由

---

　*　参见黄承梁《社会主义生态文明从思潮到社会形态的历史演进》，《贵州社会科学》2015 年第 8 期。

　[1]　习近平：《在联合国生物多样性峰会上的讲话》，载《习近平在联合国成立 75 周年系列高级别会议上的讲话》，人民出版社 2020 年版，第 15 页。

此开启了"现代化"新进程。近 300 年来，工业文明在人定胜天价值观指导下，大举向自然进攻、向自然索取，在利用和改造自然的过程中，将落后的自然条件和匮乏的自然资源转化为一系列物质财富，实现了世界的工业化和现代化。因此，在某种意义上，现代化一开始就是在资本主义制度下推进和实现的，在很长一个历史阶段，现代化就代表着资本主义现代化。① 另一方面，正如马克思所指出："资本主义生产一方面神奇地发展了社会的生产力，但是另一方面，也表现出它同自己所产生的社会生产力本身是不相容的。它的历史今后只是对抗、危机、冲突和灾难的历史。"②

一是从历史上看。资本主义国家，包括今天绝大部分发达国家，在实现工业化和现代化的道路上，都付出了极其惨重的资源环境生态代价。工业文明的出现，一方面，如恩格斯所说，它不仅推动物质文明的进步，创造了有人类以来旷世罕见的惊天的物质财富；另一方面，它"包含着现代的一切冲突的萌芽"③。在人与自然和谐关系方面，它大规模地破坏、攫取和豪夺自然资源，体现出了强烈的人类中心主义倾向，导致人与自然关系的急剧恶化。20 世纪中叶前后的二三十年间，过分陶醉于对自然界的胜利、沉溺于高度发达的物质享受的人类社会，遭到了大自然生态系统的疯狂报复。在世界范围内，出现了震惊世界的"八大公害"事件，各类环境污染事件频繁发生，众多人群非正常死亡、残废、患病的公害事件不断出现，持续久、影响众。又如，20 世纪 40—50 年代，美国洛杉矶大量汽车废气产生的光化学烟雾事件，造成大多数居民患眼睛红肿、喉炎、呼吸道恶化等疾病，导致数百人提早死亡；还如，1952 年 12 月 5—8 日的英国伦敦烟雾事件导致 4000 多人死亡。这都是极其严重的重大生态环境污染事件。不仅仅局限于"八大公害"事件的各种环境污染问题频频发生，引起了以美国为首的西方国家的重视，掀起了反对"公害"的环境保护运动。

二是从工业文明对资源环境和生态系统破坏的范围和极限看。由于工业文明无所不及的战天斗地的"创新"能力，对各种不可再生矿产资源、化石能源的开发，不论其广度和深度，都已经达到地球所能承受的最大极限。在工业文明这里，地球既是人类获得自然资源的仓库，又是排放废物的垃圾场。因而，工业文明本身，既有直接损耗"自然富源资源"（马克

① 杨煌：《中国式现代化"新"在哪里》，《中国纪检监察报》2021 年 7 月 22 日。
② 《马克思恩格斯全集》第 19 卷，人民出版社 1963 年版，第 443 页。
③ 《马克思恩格斯选集》第 3 卷，人民出版社 1972 年版，第 310 页。

思语）的一面，也有直接破坏生态环境的一面。由于长期的掠夺、滥用和浪费，整个地球资源环境生态呈现出全球性、区域性、系统性、立体化、全领域危机特征。

三是从工业文明治理污染模式看。"击鼓传花""一物降一物"是工业文明治理污染的典型模式。所谓"击鼓传花"，就是工业文明在全球化大背景下，传统污染粗放产业经历了由城市到乡村、由近郊到远郊，由西方到东方、由北方到南方的产业大转移过程。哪里有廉价的劳动力和资源禀赋，资本和产业就转向哪里。所谓"一物降一物"，就是工业文明遵循了主客二分的价值观，无视能量守恒基本规律，运用强大的科学技术和经济力量，建设庞大的环保产业，以一种设备解决另一种设备造成的环境污染，从而造成了更大的资源消耗和环境污染，加剧了人与自然关系的高度紧张。

四是从工业文明造成生态环境危机的实质看。资本为导向的全球生态环境问题，本质是国际政治的角逐和利益再分配。如西方主要发达国家在产业升级过程中，一方面把污染环境的肮脏工业和有毒有害的垃圾转移到第三世界国家，从而使他们的环境问题（生态危机）有所缓解，环境质量有所改善；另一方面，又以"环境人权卫士"自居，以各种具有先天优势的话语权，制定符合资本本性的规则，企图使广大第三世界国家成为发达国家廉价劳动力、廉价资源和环境污染破坏的永久承受者。以美国为例，总人口不到中国的四分之一，为世界总人口的二十多分之一，碳排放量却占世界排放总量近五分之一。可以想象，在 20 世纪 80 年代至今的世界产业转移浪潮和资本全球逐利本质的推动下，第三世界国家又在多大程度上以本国资源的巨大消耗和环境破坏为代价，支撑了世界上的"富人俱乐部"集团。

二　现代西方哲学价值的生态化转向和世界环境运动的兴起

20 世纪 50 年代中后期开始，美国的一些政治家、知识分子们等利用多种手段进行环保宣传。在政界，美国政治家盖罗德·尼尔森奔走往返于各大高校，通过校园演讲，让学生们广泛了解美国环境恶化的现状，倡议美国大学生保护环境；在学术界，1962 年，美国生物学家蕾切尔·卡逊出版了以披露农药使用给美国环境造成恶劣影响为目的的书籍——《寂静的春天》，此书引起美国全社会的强烈反响，引导人们对环境问题进行更深入的探析与关注；在新闻媒体界，美国媒体从业人士利用社交网络、杂志等平台，通过刊登有关环境问题的报道，渲染全社会的环保氛围；等等。

　　与此同时，现代西方哲学的价值取向也发生了显著的历史性变化，一种新型的伦理形态——环境伦理学在西方哲学社会科学界兴起，并相继产生了一批环境伦理学派的代表人物。这其中，生物中心论和生态中心论成为两个显著的思想派别。就生物中心论而言，典型的代表人物是澳大利亚莫纳什大学（Monash University）哲学系的彼得·辛格（Peter Singer），他于1973年首次提出"动物解放"（Animal Liberation）概念，并于1975年出版了《动物解放》一书。该书的英文版再版了26次之多，而德、意、西、荷、法、日等国则将该书翻译成自己国家的语言出版。受此书影响，很多人成了素食主义者，反对"危害环境"的肉食业，力图使其他"无辜"生灵免受灾难。从理论上说，生物中心论思想与传统的佛教智慧，如"众生平等"和"不杀生"等理念相一致，承认了所有生命体自身的内在价值。但从现实看，特别是从人类社会的诞生与发展视角来看，动物解放论在实践操作上十分棘手。人与动物之间、不同物种之间关系的生物多样性，是整个生物系统进化的起点，人类之所以进化为更高级别的动物，也是物竞天择的进化必然。生态中心论，顾名思义，则是一种把道德关怀的范围从人类扩展到生态系统的伦理学说，典型的代表，如被誉为环境伦理学之父的美国学者罗尔斯顿（Holmes Rolsto），他在1975年发表《存在一种生态伦理吗》，并先后出版《哲学走向荒野》《环境伦理学：大自然的价值以及对大自然的义务》《保护自然价值》等著作。罗尔斯顿同时还是国际学术期刊《环境伦理学》的创办者。生态中心论强调自然界的内在价值和系统价值，也承认自然界以人为评价尺度的工具性的外在价值，指出维护和促进生态系统的完整和稳定是人类所承担的义务。但显而易见，泛人道主义，看到了生命存在的意义，肯定了自然的价值，却有可能使"明于天人之分"的人类重新回归丛林。离开人类来谈自然价值，这是没有意义，也是不可能实现的。

第二节　逻辑的起点与中国共产党对人类文明的创造性贡献

一　世界环境保护运动潮流下的中国环境保护兴起与国际参与

　　人与自然生态关系矛盾的全面凸显，同样引起了马克思主义理论者的重视。20 世纪 70 年代，西方生态运动和社会主义思潮相结合产生了生态社会主义流派，从而成为当今世界十大马克思主义流派之一。他们认为，社会公平问题是环境问题的核心和实质，而要想解决社会公平问题必须依靠社会主义制度。因此，究其实质，只有社会主义才能拯救环境公平。

1972 年是世界环境史上极具里程碑意义的一年。该年 6 月，《人类环境宣言》诞生，这标志着在人类发展史上，环境保护已成为全球共识。中国共产党基于党情、国情、世情，深刻地感知到世界环境保护主义运动潮流涌动。中国派出代表团出席这一场会议，在阐明中国原则和立场基础上，代表广大发展中国家发出了强有力的声音，表达了极具特色的观点。这其中，中国代表团对于工业文明、环境污染二者关系的认识颇具深意。代表团认为，尽管环境污染是由工业发展造成的，但不能因此放弃发展，要坚持工业发展与环境保护在以人民为中心的立场上是可以实现平衡的。特别是《人类环境宣言》也直接引用了毛泽东的一些观点，如"世间一切事物中，人是第一可宝贵的"，"人类总得不断地总结经验，有所发现，有所发明，有所创造，有所前进"。① 这些观点都充分肯定了人民群众在创造历史、改善环境方面的决定作用。

1973 年 8 月，第一次全国环境保护会议召开。本次会议后，《国务院关于保护和改善环境的若干规定（试行草案）》于同年 11 月发布，提出和确立了"全面规划，合理布局，综合利用，化害为利，依靠群众，大家动手，保护环境，造福人民"的方针。这都标志着真正意义上的中国环境保护意识的觉醒，同时也标志着我们党开始提出并赋予统筹兼顾思想方法以生态意义和经济意义；也反映出中国共产党人对生态环境与经济发展辩证统一关系的初步认识和把握。

需要特别指出，中国特色社会主义进入新时代，党的二十大强调中国式现代化，指出人与自然和谐共生的现代化是中国式现代化的重要特征。中国式现代化的渊源，就是在这一时期提出的。1964 年 12 月至 1965 年 1 月召开的三届全国人大一次会议，党中央正式提出四个现代化的战略目标，指出今后发展国民经济的主要任务，就是要在不太长的历史时期内，"把我国建设成为一个具有现代农业、现代工业、现代国防和现代科学技术的社会主义强国，赶上和超过世界先进水平"。同时提出要在 20 世纪内分两步实现四个现代化。一段历史时期，中国的大炼钢铁运动对人口、资源和环境协调发展造成了巨大的损失，我们付出了惨痛的代价；也有学者

---

① 《毛泽东文集》第 8 卷，人民出版社 1999 年版，第 325 页。

因毛泽东讲过"向地球宣战"而认为我们在社会主义建设事业初期同工业文明一样，强调"人定胜天"的自然价值论。事实上，在特定历史时期，由于社会主要矛盾不同，在恢复国民经济、发展生产成为第一历史任务的时代背景下，孤立地就"向地球宣战"借题发挥，有失偏颇。毛泽东同志指出："过去干的一件事叫革命，现在干的叫建设，是新的事，没有经验。怎么搞工业，比如炼铁、炼钢，过去就不大知道。这是科学技术，是向地球开战。如果对自然界没有认识，或者认识不清楚，就会碰钉子，自然界就会处罚我们，会抵抗。"①

二　新中国成立以来的中国生态文明建设基本历程②

新中国明确将社会主义制度作为我们的国家政治制度，开始探索社会主义革命和建设。以毛泽东同志为主要代表的中国共产党人以高度的政治自觉将改善生态环境纳入我国现代化建设任务当中，在兴修水利、建设基本农田、改良土壤、植树造林、建设草原、防治污染和设置自然保护区等方面做了大量工作，实现了对我国生态环境保护事业的开创性奠基。

新中国成立后，面对自然灾害频发、生产力低下的严峻环境，新中国的建设者们战天斗地改造自然，开启了曲折艰辛、成就斐然的生态文明建设征程。这其中最著名的就是新中国建设初期的"四大水利"工程。针对1950年夏天淮河流域发生的特大洪涝灾害，毛泽东提出"一定要把淮河修好"③。此后，从"须考虑根治办法"入手，长江荆江防洪工事、把黄河的事情办好、根治海河等新中国成立初期最大的水利工程相继启动。特别是海河治理，从1965年启动，横跨30年，连续施工建设16载，一体建成防洪、排涝体系，海河流域自此焕然一新。

事实上，以毛泽东同志为核心的党的第一代中央领导集体，早在20世纪50年代就提出了"绿化祖国""实行大地园林化"的号召。1950年，新中国召开的第一次全国林业业务会议就确定了"普遍护林，重点造林，合理采伐和合理利用"的林业建设总方针。这比世界范围内的环境保护运动整体兴起还要早上一二十年。

---

① 中共中央文献研究室编：《毛泽东年谱（1949—1976）》第4卷，中央文献出版社1993年版，第68页。

② 参见黄承梁《中国共产党领导新中国70年生态文明建设历程》，《党的文献》2019年第5期。

③ 中共中央文献研究室：《建国以来毛泽东文稿》第2册，中央文献出版社1988年版，第293页。

改革开放以来，正如习近平总书记所指出："坚持和发展中国特色社会主义是一篇大文章，邓小平同志为它确定了基本思路和基本原则，以江泽民同志为核心的党的第三代中央领导集体、以胡锦涛同志为总书记的党中央在这篇大文章上都写下了精彩的篇章。现在，我们这一代共产党人的任务，就是继续把这篇大文章写下去。"①

第一，以邓小平同志为核心的党的第二代中央领导集体，将治理污染、保护环境上升为基本国策。为着力推进环境保护的法制化工作，1978年邓小平同志提出：应该集中力量制定刑法、民法、诉讼法和其他各种必要的法律，例如工厂法、人民公社法、森林法、草原法、环境保护法、劳动法、外国人投资法，等等，经过一定的民主程序讨论通过，并且加强检察机关和司法机关监督工作，做到有法可依，有法必依，执法必严，违法必究。在邓小平同志的重视下，我国先后制定、颁布、实施了森林法、草原法、环境保护法、水法。这些法律法规，为保护、利用、开发和管理整个生态环境及其资源提供了强有力的法律保障，具有重要意义。对于林业建设工作，邓小平首次对一项事业提出了"坚持一百年，坚持一千年，要一代一代永远干下去"的要求。

第二，以江泽民同志为核心的党的第三代中央领导集体，向全国人民发出了"再造秀美山川"动员令：退耕还林，再造秀美山川，绿化美化祖国；可持续发展，走生态良好的文明发展道路；把中国的生态环境工作做好，就是对世界的一大贡献。1999年江泽民同志在参加首都全民植树活动时指出："只有全民动员，锲而不舍，年复一年把植树造林工作搞上去，才能有效地遏制水土流失，防止土地沙漠化，为人民造福。这是关系到中华民族下个世纪和千秋万代的大事，必须充分重视，抓紧抓好。"②

第三，新世纪新阶段，以胡锦涛同志为总书记的党中央，提出构建社会主义和谐社会，形成了科学发展观，将建设生态文明写入世界第一大政党党代会报告。科学发展观的根本方法是统筹兼顾，统筹人与自然和谐发展是科学发展观"五个统筹"的重要组成部分。它要求我们树立科学的人与自然观，视人类与自然为相互依存、相互联系的整体，从整体上把握人与自然的关系，并以此作为认识和改造自然的基础。继在党的十二大至十

---

① 中共中央宣传部：《习近平总书记系列重要讲话读本》，学习出版社、人民出版社2016年版，第38页。

② 江泽民：《在参加首都全民义务植树活动时的讲话》，光明网，1999年4月4日。

五大强调建设社会主义"物质文明""精神文明",党的十六大在此基础上提出建设社会主义"政治文明"之后,党代会政治报告首次提出建设"生态文明"。建设生态文明,就其理论形态而言,其最重要的意义在于首次用人类崭新的文明即生态文明高度概括和统一了人与自然两者的辩证关系。

马克思指出:历史"可以把它划分为自然史和人类史。但这两方面是不可分割的;只要有人存在,自然史和人类史就彼此相互制约"①。如果说历史属于传统思维中的过去,生态文明则标志着今天的状态和人类对未来的美好憧憬。列宁指出:"对恩格斯的唯物主义的'形式'的修正,对他的自然哲学论点的修正,不但不含有任何通常所理解的'修正主义',相反地,这正是马克思主义所必然要求的。"② 生态文明是对人与自然、社会与自然、人与人、社会与社会之间关系的真正统筹。中国共产党对人类崭新的文明形态做出了历史性的贡献。

第三节　逻辑的发展与走向社会主义生态文明新时代

一　把生态文明建设纳入"五位一体"中国特色社会主义总体布局

党的十八大以来,习近平总书记就生态文明建设做了一系列重要论述,深刻、系统、全面地回答了我国生态文明建设发展面临的一系列重大理论和现实问题,标志着社会主义生态文明从思潮到社会形态的真正转变。这个标志的核心,就是"五位一体"中国特色社会主义事业总体布局的完善和发展。党的十八大着眼于实现社会主义现代化和中华民族伟大复兴总任务的有机统一,把生态文明建设纳入中国特色社会主义事业总体布局,将传统的经济建设、政治建设、文化建设和社会建设"四位一体"总体布局拓展为包括生态文明建设在内的"五位一体"。

改革开放 40 多年来,我们在发展过程中过分或者单一追求经济增长,而且在抓经济建设的过程中又忽视了精神文明建设;实践中,环境保护的

---

① 《马克思恩格斯选集》第 1 卷,人民出版社 1995 年版,第 121 页。
② 《列宁全集》第 14 卷,人民出版社 1990 年版,第 265 页。

基本国策没有落实到位，致使民众过分追求物质成果享受，而忽视自然的力量，内心缺少对中华文明数千年天人合一观的人文仰望和对自然力量的基本敬畏。这都是导致生态环境形势严峻的重要原因。在经济发展进入新常态背景下，"新常态"下的"以经济建设为中心"，如果不对传统粗放型工业模式进行根本扬弃，不转变生产方式、增长方式和发展模式，经济社会发展根本就难以为继。习近平总书记指出："如果仍是粗放发展，即使事先完成了国内生产总值翻一番的目标，那污染又会是一种什么情况？届时资源环境恐怕完全承载不了。"① 党中央把生态文明建设纳入"五位一体"总体布局，不是单纯加进去生态文明建设，至为重要的，就是确立了生态文明建设于其他四项建设而言的战略优先地位以及生态文明建设在"五位一体"总体布局中的基础地位。我们必须把生态文明建设融入其他各项建设之中。

第一，生态文明建设融入经济建设。

经济建设的首要目标在于绿色化，绿色化发展的必然结果是国民经济绿色产业的规模化、常规化和常态化，再也不能是诸如传统的先污染、后治理，先上车、后买票等"先后"理念问题。

进入新时代，我们提出建设人与自然和谐共生的现代化。怎样看待绿色化与现代化？如何正确处理环境保护与经济发展之间的关系？作为习近平生态文明思想重大科学论断的"绿水青山与金山银山""两山论"，为未来数百年的人类经济社会发展提供了有益启示。应当意识到，人类社会经历过这样三个阶段。

第一个阶段，既要绿水青山，也要金山银山。光讲自然生态，不符合人类社会进化、发展的历史必然。在人类历史上，人类之所以为人类，是人类适应自然的胜利，而"明于天人之分"更是人类从荒野中脱胎换骨成为"人"的重要节点。

第二个阶段，宁要绿水青山，不要金山银山。这一点，环顾自 18 世纪工业革命以来对自然生态的亘古未有的破坏，以及人类因此所遭受的大自然的报复就能够得到大量的证明。不仅西方发达国家经历了这样的环境阵痛，我国在改革开放 40 多年高速发展中，同样经历过这样的时代阵痛，如 2013 年前后反复、多次、持续爆发的雾霾问题，严重地影响着人民的生产生活，侵蚀着经济社会发展本该带给人民群众的幸福感。

---

① 中共中央文献研究室编：《习近平关于全面深化改革论述摘编》，中央文献出版社 2014 年版，第 103 页。

第三阶段，绿水青山就是金山银山。现代社会，科学技术高度发展，在信息产业、智能化应用、新材料、节能环保、清洁能源、生态修复、生态技术、循环利用等领域取得了重大的突破，并由此引发了新的产业革命。两者交互作用，逐步成为推动生产力发展和促进生产方式转变的关键性要素和力量，绿色产业的发展方兴未艾。现在，绿色产业和绿色经济已经成为我国国民经济发展"新常态"的重要组成部分，成为推动我国由经济大国向绿色强国转变的重要契机。

第二，生态文明建设融入政治建设。

生态文明建设融入政治建设，关键是要改变唯 GDP 论英雄的传统考核体系，再也不能以国内生产总值增长率论英雄。

一是要从根本上完善经济社会发展考核评价体系，把体现生态文明建设状况的各项指标，如资源消耗、环境损害、生态效益等，纳入经济社会发展评价体系。在这方面，尤要体现党建设生态文明的意志和坚定决心。

二是要建立健全资源生态环境管理制度。党的十八届四中全会提出依法治国的治国方略，这对生态文明建设至关重要。从制度上来说，我们要加快生态立法、民主立法，加快建立国土空间开发保护制度，加快建立资源有偿使用制度，更加注重生态补偿制度；落实环境执法，更加注重环境损害赔偿制度的落实；强化环境司法，更加注重生态环境保护责任追究制度，从根本上解决环境诉讼中取证难、环境权益维护难等一系列现实问题。

第三，生态文明融入文化建设。

习近平总书记多次讲话指出，中华优秀传统文化中蕴藏着解决当代人类面临的难题的重要启示，比如，天人合一、道法自然的思想。天人合一，用季羡林先生的解释，即"天，就是大自然；人，就是人类；合，就是互相理解，结成友谊"[1]。天人合一是中国哲学和中华传统的主流精神，是两千年来中国人特有的宇宙观、特有的价值追求以及处理天地之间、天地人之间、人与自然之间关系的独特方法。"道法自然"的哲理思想，更是"人与自然和谐发展"的生态文明核心要义之肇始。老子"道"的思想，道生一、一生二、二生三、三生万物，人法地、地法天、天法道、道法自然。这都显示出古代先哲关注宇宙、关注自然，深刻解答了"我们从哪里来，要到哪里去"的历史思考、人文思考和生态思考。生态文明融入文化建设，还要与弘扬社会主义核心价值观结合起来。社会主义核心价值

---

① 季羡林：《"天人合一"新解》，《传统文化与现代化》1993 年第 1 期。

观是社会主义核心价值体系的内核，反映了社会主义核心价值体系的实践要求。

党的十八大以来，习近平总书记多次做出重要论述，中央政治局就培育社会主义核心价值观、弘扬中华优秀传统文化进行了集体学习。文明、和谐、平等、友善等观念，内在地蕴含了生态文明之文明，人与自然之和谐，当代人与当代人、当代人与后代人之间之平等，善待自然、善待生命等生态文明建设的基本诉求。我们不仅要对传统的人定胜天的自然观、生态伦理观进行自我反省和调整，更要主动实践，在全社会形成文明、持续、健康、绿色、生态的发展模式。

第四，生态文明融入社会建设。

习近平总书记指出："要把生态文明建设放到更加突出的位置，这也是民意所在。"① 近年来，人民群众对环境问题高度关注，凸显了生态文明建设对人民群众幸福生活指数的重要地位。饮水质量、土壤污染、空气污染等诸多问题在部分地区频繁发生，人民群众高度关注，全社会对此反响强烈。整体看，资源总量是一定的，生态系统的总容量也是有限的，如果说过去数十年的粗放型发展带来的环境问题、生态系统问题尚处在环境总容量的可自我调节范围内，那么今天的环境问题，已经使我们站在生态环境承载力的临界点、最高环境阈值。

我们必须充分发挥社会主义制度的政治优势，着力构建党委和政府主导，全社会共同努力、良性互动的全民参与大格局，着力推进大气污染治理，集中力量优先解决好细颗粒物（$PM_{2.5}$）和颗粒物污染防治，解决"气"的问题；着力推进土壤污染综合治理，集中力量优先解决好重金属污染问题，解决好"土"的问题；着力推进流域水、饮用水、地下水污染综合治理，集中力量优先解决工业排污、地下暗排、偷排的问题，解决好"水"的问题。气顺、土好、水安生，则民心顺，生态文明理念就会深入人心，成为人民群众自觉的意识和行动。

二　对生态文明建设进一步做出战略部署

党的十九大于 2017 年 10 月 18 日在北京隆重召开，习近平总书记做了《决胜全面建成小康社会　夺取新时代中国特色社会主义伟大胜利》的报告。报告共 13 部分，其中，在第一部分即"过去五年的工作和历史性变革"、第三部分即"新时代中国特色社会主义思想和基本方略"和第九部

---

① 习近平：《绿水青山就是金山银山》，《人民日报》2006 年 4 月 24 日。

分即"加快生态文明体制改革，建设美丽中国"，专门成段成节论述了生态文明建设的阶段性成就、指导思想和战略部署。这其中：

一是首次将"必须树立和践行绿水青山就是金山银山的理念"写入报告，其历史意义不言而喻。

二是提出建设人与自然和谐共生的现代化。报告指出：我们要建设的现代化是人与自然和谐共生的现代化，既要创造更多物质财富和精神财富以满足人民日益增长的美好生活需要，也要提供更多优质生态产品以满足人民日益增长的优美生态环境需要。这是报告首次就现代化的"绿色属性"所给予的更加符合生态文明核心要义的界定，是重大的理论创新和科学论断。

三是提出建成富强民主文明和谐美丽的社会主义现代化强国。党的十九大报告首次将"美丽"作为新时代社会主义现代化建设的重要目标写入党代会报告，并在多处强化，这极大凸显出生态文明、美丽中国、人与自然和谐对中国特色社会主义事业总体布局新的拓展，是统筹推进"五位一体"总体布局、协调推进"四个全面"战略布局的必然要求，显示出生态文明建设在实现中华民族伟大复兴进程中的应有目标和发展动力。

四是指出我国成为全球生态文明建设的重要参与者、贡献者、引领者。党的十九大报告指出：我国成为全球生态文明建设的重要参与者、贡献者、引领者。这个表述突出的亮点基于两方面：其一是"全球生态文明建设"，生态文明建设是中国话语，现在越来越在世界范围内焕发出强大生机活力。其二是中国要成为全球生态文明建设的引领者。2015年达成、2016年生效的联合国《2030年可持续发展议程》和《巴黎协定》，实际上是推动实现工业文明向生态文明转型的议程。这都意味着当代中国，正以自己独特的"中国智慧"和"中国方案"，在世界上高高举起了社会主义生态文明建设的伟大旗帜。

党的十九大关于生态文明建设做出全面战略部署，有其深刻的时代总依据、大逻辑和大背景。

第一是因为中国特色社会主义进入了新时代。这个新时代，是承前启后、继往开来、在新的历史条件下继续夺取中国特色社会主义伟大胜利的时代，是决胜全面建成小康社会、进而全面建设社会主义现代化强国的时代，是全国各族人民团结奋斗、不断创造美好生活、逐步实现全体人民共同富裕的时代，是全体中华儿女勠力同心、奋力实现中华民族伟大复兴中国梦的时代，是我国日益走近世界舞台中央、不断为人类做出更大贡献的时代。这都成为当代中国建设生态文明的时代总依据、外部总条件、时代总格局。

第二是因为我国社会主要矛盾已经转化为人民日益增长的美好生活需要和不平衡不充分的发展之间的矛盾。这个重大战略判断，对科学把握当前生态文明建设的主要矛盾尤其具有十分精准、对症下药和有的放矢的指导意义。随着人们物质生活水平和消费水平的不断提高，老百姓对优质生态产品、优良生态环境的需求越来越迫切。人民群众对美好生活环境的向往、对公共生态产品的需求与生态资源环境的承载力、生态公共产品不足、生态环保形势严峻之间的矛盾日益凸显，矛盾发展的态势正在逐步向主要矛盾或矛盾的主要方面靠拢、演化。

第三是因为必须进行具有许多新的历史特点的伟大斗争。习近平总书记在党的十九大报告中指出：实现伟大梦想，必须进行伟大斗争，必须建设伟大工程。当今时代，能源资源相对不足、生态环境承载能力不强，已成为我国的一个基本国情，老的环境问题尚未解决，新的环境问题接踵而至。与此同时，也要看到，为了促进全球经济复苏和应对气候变化、能源资源危机等挑战，全球范围，特别是主要西方发达国家纷纷提出和推行"绿色新政""绿色经济"和"绿色增长"，并演化成为一种新的国际话语权斗争。当代中国生态文明建设，越来越成为与政治、经济、民生工程和国际治理、全球博弈相联系的综合性问题，成为衡量"五位一体"中国特色社会主义是否全面的重要砝码。必须在从战略高度认识伟大梦想、伟大斗争、伟大事业、伟大工程诸范畴及其内在联系的过程中，牢牢把握当代中国和全球生态文明建设的新特点，不忘初心、牢记使命，不断推动形成人与自然和谐发展的现代化建设新格局。

三 生态文明建设实现新进步

2020 年 10 月，党的十九届五中全会召开。党的十九届五中全会充分肯定了"十三五"时期我国生态环境保护取得的成就，指出"十三五"以来，我们以习近平生态文明思想为根本遵循，通过对生态文明建设领域一系列全方位、全地域、全过程的全面部署和顶层设计，通过系统性的体制机制改革创新，具有四梁八柱性质的生态文明制度框架搭建形成，一批目标明确、可操作性强的政策措施集中出台，绿色循环低碳产业体系正在建立，生态环境领域中人民群众关心的一些重大问题得到初步解决，维护人民身体健康的空气、水土污染问题得到逐步控制、缓解和改善，生态环境恶化的势头被遏制，人民群众福祉持续提升、获得感不断增强。

与此同时，全会提出了我国生态文明建设在"十四五"时期的主要目标，如优化国土空间开发保护格局，将绿色贯穿于生产生活方式的转变过程中，显著提升能源资源利用效率，持续改善生态环境，不断降低污染物排放总量，大幅度改善城乡人居环境，筑牢生态安全屏障。特别提出"生态文明建设实现新进步"。党的十九届五中全会既肯定成绩，巩固成效，又对准瓶颈和短板，精准对焦、协同发力，生态文明建设全盘活力明显增强，对经济、政治、社会、文化各方面建设形成良好支撑；体现出一步一个脚印、一茬接着一茬干的稳健推进生态文明建设不断迈上历史新台阶的韧性姿态。

可以说，全面推动绿色发展和全面绿色转型是党的十九届五中全会关于生态文明建设的又一次战略总部署和总动员。随着"生态文明建设"在"五位一体"中国特色社会主义总体布局中地位的更加凸显，随着习近平生态文明思想更加深入人心，进入新发展阶段，遵循新发展理念，构建新发展格局，人们能够深切地意识到：一是绿色不仅是大自然的主旋律、是富含生命力的色彩，而且是人民群众创建美好生活的基石，符合人民群众的殷切期盼；二是绿色发展与创新发展、协调发展、开放发展、共享发展交相辉映，相得益彰，是新发展理念的重要组成部分；三是绿色发展作为一种发展观，是构建高质量现代化经济体系的必然要求，是建设人与自然和谐共生现代化的战略选择；四是从文化、理念、经济、政治、社会、体制机制等多个视角构建生态文明体系，是坚持新发展理念、实现绿色发展、建设美丽中国的战略路径，意义十分重大。

回顾中国特色社会主义事业总体布局从理念、概念范畴到完整形成的过程，可以说，我们党对什么是社会主义、建设什么样的社会主义的认识逐步深化和拓展。这其中，生态文明建设是关系中华民族永续发展的根本大计，绿水青山就是金山银山。社会主义中国能够取得新时代中国特色社会主义的伟大成就，就是我们在解决了十几亿人的温饱问题，总体上全面建成小康社会之后，更加注重人民群众在民主、法治、公平、正义、安全、环境等方面日益增长的广泛需要和要求。总之，始终坚持以人民为中心的发展思想，满足人民群众对美好生态环境的向往，让人民群众生活在天蓝地绿水清的良好生态环境中，就是我们党把生态文明建设纳入中国特色社会主义建设"五位一体"总体布局最基本的战略考量，体现出社会主义社会以人民为中心的根本价值立场。

第四节　作为中国式现代化和人类文明新形态重要特征的生态文明

一　中国式现代化的总体特征

习近平总书记在党的二十大报告中提出了党在新时代新征程中的使命任务，这就是从现在起，"团结带领全国各族人民全面建成社会主义现代化强国、实现第二个百年奋斗目标，以中国式现代化全面推进中华民族伟大复兴。"① 何谓中国式现代化？其基本特征如何？习近平总书记又指出："中国式现代化，是中国共产党领导的社会主义现代化，既有各国现代化的共同特征，更有基于自己国情的中国特色。""中国式现代化是人口规模巨大的现代化。""中国式现代化是全体人民共同富裕的现代化。""中国式现代化是物质文明和精神文明相协调的现代化。""中国式现代化是人与自然和谐共生的现代化。""中国式现代化是走和平发展道路的现代化。"② 习近平总书记这一关于中国式现代化总体特征的重要论述，既确定了中国现代化建设的基本方向和总体特征，同时也昭示，与西方传统的现代化老路相比，"中国式现代化"具有十分鲜明的特征。

一是始终坚持中国共产党的领导。中国共产党的诞生，以一种革命斗争的方式铲除阻碍中国走向现代化的反动统治，揭开了中华民族迈向现代化道路的新篇章。中国共产党百年奋斗史，既是党领导人民书写的革命史、建设史，同时也是一部水乳交融的人与自然、人与环境、统筹经济发展和环境保护、建设人与自然和谐共生现代化的治理史、发展史和建设史。百年来，中国共产党立足实现中华民族伟大复兴的历史主题，将人与自然关系思想纳入治国理念和执政方式，在推动自然史和人类史从相互制约到有机统一中创造和发展了中国特色社会主义。立足我国的历史、国情和文化，中国共产党在实现自然解放和人的解放、社会全面进步和人的全

---

① 习近平：《高举中国特色社会主义伟大旗帜　为全面建设社会主义现代化国家而团结奋斗——在中国共产党第二十次全国代表大会上的报告》，人民出版社 2022 年版，第 21 页。

② 习近平：《高举中国特色社会主义伟大旗帜　为全面建设社会主义现代化国家而团结奋斗——在中国共产党第二十次全国代表大会上的报告》，人民出版社 2022 年版，第 23 页。

面发展的过程中确立了党对生态文明建设的领导地位和政治担当。①

二是将马克思主义的普遍真理与我国的具体实际相结合。马克思主义中国化，激活了中华民族历经几千年创造的伟大文明，使中华文明再次迸发出强大精神力量②，在实践中不断展现出丰硕的历史成果。新中国成立以后，基于当时的国情，创造性地进行社会主义改造，确立社会主义基本制度，为中国现代化奠定政治前提和制度基础③。改革开放后，坚持从中国实际出发，建设有中国特色的社会主义。党的十八大以来，坚持和发展新时代中国特色社会主义。这些均是马克思主义中国化的实践，是理解和认识中国式现代化的前提和基本原则。特别是我们党在百年决议中提出坚持马克思主义具体原理同中华传统文化相结合，这使得中华文明应有的强大且不息的精神力量再次被唤醒。

三是始终以人民为中心。中国式现代化是从人民出发，以实现全体人民的共同富裕为目标。从工业化到四个现代化，从全面小康到共同富裕，再到建设富强民主文明和谐美丽的社会主义现代化强国，中国式现代化的内涵在不断拓展，但始终坚持以人民为中心的发展思想，不断推动人民美好生活实现。

四是坚持走和平发展道路。中华民族历来爱好和平，在经历了被侵略、战乱的苦难后，中国人民更懂得和平的宝贵。新中国成立以来，中国共产党团结带领全国各族人民艰苦奋斗、努力拼搏打造中国现代化，从没有主动挑起任何一场战争或冲突。中国牢牢把握和平与发展这一时代主题，始终奉行独立自主的和平外交政策，坚决反对霸权主义和单边主义，积极推动构建人类命运共同体，为维护世界和平稳定、促进共同发展做出巨大贡献。

二　建设人与自然和谐共生现代化的提出和缘由

中国特色社会主义建设实现了"五位一体"的全方位发展，中国实际上已经走向坚持人与自然和谐共生、实现现代化的发展道路。建设人与自然和谐共生的现代化是中国特色社会主义总体布局丰富和发展的必然结果。所谓总体布局，是从总揽和统摄全局的战略高度做出的总体筹划和总体安排，是就这一事业所做的最重大最根本的战略部署。从基本实现现代

---

① 黄承梁：《中国共产党百年生态文明建设的历史逻辑和理论品格》，《哲学研究》2022 年第 4 期。

② 习近平：《在党史学习教育动员大会上的讲话》，《求是》2021 年第 7 期。

③ 孙代尧：《论中国式现代化新道路与人类文明新形态》，《北京大学学报》（哲学社会科学版）2021 年第 5 期。

化到全面实现现代化,从"四个现代化"到建设人与自然和谐的现代化,至此中国式现代化之路迈出了行稳致远、波澜壮阔的步伐。这一发展道路,既遵循现代化的普遍规律,又进行独立自主的探索,具有中国特色,充分彰显社会主义本质属性。

建设人与自然和谐共生的现代化是由我国人口资源和环境的基本国情决定的。我国的现代化是人口规模巨大的现代化。我们国家有 14 亿多人口,要整体迈入现代化,这在人类历史上是空前的。单纯就人口资源环境的压力看,中国目前所要应对的挑战,是西方发达国家近 200 年工业化、现代化历程里所遇困难的总和。改革开放相当一个时期内,我们一度采取了单一追求速度外加规模扩大的粗放型增长模式和发展模式。一些地方和企业,唯 GDP 发展论,过分强调大快赶超,盲目上马一些缺乏系统论证、科学规划、长远眼光的项目,重速度轻质量、重开发轻保护。在某种程度上,我国今天生态环境保护领域亟待解决的一些重大的基本环境问题,如土壤和水流域重金属超标问题、基本农田大面积损坏和侵占的问题以及空气质量问题,是快速发展、粗放发展长期积累和层层叠加的结果。往往是旧的环境历史问题还未完全解决,另一些新的环境问题又接踵出现。这种新辙压旧痕式的生态环境特征,使单一的经济发展过程中的生态问题,成为重大的社会问题、民生问题和政治问题。习近平总书记指出:"粗放扩张、人地失衡、举债度日、破坏环境的老路不能再走了,也走不通了。"① 因此,走人与自然和谐共生的现代化道路,首先是基于我国的基本国情,基于新中国成立以来特别是改革开放以来特定时期或发展阶段我们以牺牲资源环境为代价换取一时经济发展造成资源生态环境破坏经验教训的基本总结。

进入新时代,我们统筹生态文明建设和经济社会发展,持续保持生态文明建设战略定力,坚持绿水青山就是金山银山发展理念,深刻认识到良好生态环境既是生态效益,也是经济效益和社会效益,是最普惠的民生福祉、最公平的公共产品。既要创造更多物质财富和精神财富以满足人民日益增长的美好生活需要,也要提供更多优质生态产品以满足人民日益增长的优美生态环境需要。特别是从"生态兴则文明兴、生态衰则文明衰"的人与自然、自然与人类文明相互交融的发展规律看,以习近平同志为核心的党中央,基于流域生态文明建设,从战略全局谋划我国人与自然和谐共

---

① 习近平:《在中央城镇化工作会议上的讲话》(2013 年 12 月 12 日),《十八大以来重要文献选编》(上),中央文献出版社 2014 年版,第 589 页。

生的现代化新格局。如长江、黄河是我们的母亲河，长江经济带和黄河流域人口规模、经济总量分别占全国比重近乎"半壁江山"和三分之一。对于事关中华民族永续发展的母亲河，习近平总书记曾语重心长地说："我曾经讲过，'长江病了'，而且病得还不轻。今天我要说，黄河一直以来也是体弱多病，水患频繁。"① 党的十八大以来，习近平总书记亲自谋划、亲自主持推动长江经济带发展座谈会，推动和深入推动黄河流域生态保护和高质量发展座谈会，就是必须确保中国式现代化之路，必须坚持生态优先、绿色发展的人与自然和谐共生现代化之路。

习近平总书记指出："走向生态文明新时代，建设美丽中国，是实现中华民族伟大复兴的中国梦的重要内容。"② 生态文明建设，以中国传统文化中固有的天人合一和中庸之道为其深厚的哲学基础与思想源泉，以深刻反思工业化沉痛教训为现实动因，以促进和实现人与自然的和谐共生为基本要义，努力要求推动形成人与自然和谐发展现代化建设新格局。社会主义生态文明从语境到文明意识，从理论与实践形态到中国特色社会主义"五位一体"总体布局，社会主义生态文明从不断解放和发展绿色社会生产力到建设美丽中国、实现中华民族永续发展，社会主义生态文明从深化生态文明体制改革到加快生态文明制度建设，从党的十七大到党的十八大，从党的十八大到党的二十大，一系列新思想、新理念、新实践、新体系，无不凸显出生态文明建设历史地位和战略地位的极端重要性。

从现在起到 2035 年，从 2035 年到本世纪中叶，是党的十九大、二十大确定的实现第二个百年奋斗目标的两个阶段。第一个阶段目标是基本实现社会主义现代化，"广泛形成绿色生产生活方式，碳排放达峰后稳中有降，生态环境根本好转，美丽中国目标基本实现"③；第二个阶段就是在基本实现现代化的基础上，把我国建成富强民主文明和谐美丽的社会主义现代化强国。基于此，建设生态文明是建设美丽中国、实现富强民主文明和谐美丽社会主义现代化强国的内在特征。生态文明建设在实现中华民族伟大复兴的历史性战略下，不是选择项，而是必须完成的时代答卷。

与此同时，必须十分清醒地认识到，站在实现第二个百年奋斗目标历

---

① 《习近平在河南主持召开黄河流域生态保护和高质量发展座谈会强调：共同抓好大保护协同推进大治理，让黄河成为造福人民的幸福河》，《人民日报》2019 年 9 月 21 日。
② 《习近平谈治国理政》第 1 卷，外文出版社 2014 年版，第 211 页。
③ 习近平：《高举中国特色社会主义伟大旗帜　为全面建设社会主义现代化国家而团结奋斗——在中国共产党第二十次全国代表大会上的报告》，人民出版社 2022 年版，第 24—25 页。

史新征程新起点上，着眼我们党提出把碳达峰、碳中和纳入生态文明建设总体布局，着眼我国明确向世界承诺尽可能于 2030 年、2060 年实现碳达峰碳中和的发展愿景，建设生态文明，根本路径在于生态化、绿色化的经济发展方式、生产方式和产业结构，贯彻始终的主线就在于坚持高质量发展，核心理念在于创新、协调、绿色、开放、共享的新发展理念，基本原则就在于建设人与自然和谐共生的现代化。

三　生态文明是中国对人类社会文明发展规律和人类文明新形态的新贡献

习近平总书记指出："人类经历了原始文明、农业文明、工业文明，生态文明是工业文明发展到一定阶段的产物，是实现人与自然和谐发展的新要求。"[①] 生产力始终是人类社会不同发展状态、不同文明形态形成的最终决定力量。从生产力特别是从作为其组成要素的劳动者素养、劳动（生产）工具视角看待人类社会发展的不同阶段，可以说，人类社会发展和进步的历史，就是劳动者以无穷探索和实践应用的自然科学（这里也包括经验）以及由之转化而来的科学技术，使用劳动工具，作用于劳动对象的科学体验史、技术探索史。

在原始文明时代，人类经历了极其漫长的进化进程，石器的使用及至石器上的刻文、象形图画、图腾崇拜，既是反映石器作为生产工具使早期猿人向新人类演进过程中的标志性"工具"，也反映人类文明以"石器文明"作为其初始文明形态的生产方式、生活方式和精神风貌，等等。

在农业文明时期，"铁器"在古老中国的率先发明和使用，标志着中华民族开辟了人类历史上第一大产业——农业，既发展了系统化、规模化、建制化的农耕体系和生产作业体系，又对世界范围内的农业传播起到了决定性作用。

生态文明亦是如此。生态文明的兴起是现代社会生产力发展和变革的必然结果。仅就当今中国而言，工业化、信息化、城镇化、农业现代化和绿色化"新五化"高度融合，绿色科学技术和绿色产业，正在以"分秒必争""日新月异"的速度向生产力诸要素全面渗透、全面融合，推动我国经济社会发展全面绿色转型。从国民经济结构构成看，一是我国经济结构显著改善，一二三产业比重更加合理，城乡二元结构更加均衡，趋向于一

---

① 习近平：《在十八届中央政治局第六次集体学习时的讲话》（2013 年 5 月 24 日），载《习近平关于社会主义生态文明建设论述摘编》，中央文献出版社 2017 年版，第 6 页。

体化；二是经济增长速度放缓但经济增长方式更加健康，经济社会发展进入新发展理念引领下的高质量发展新阶段；三是推动经济增长和经济结构转变的要素由资源驱动、投资驱动不断走向创新驱动，创新在新发展理念中越来越占据主动位置。

可以说，在习近平经济思想和习近平生态文明思想的双重逻辑下，中国走出了发展和保护双赢，生产发展、生态良好、生活幸福共赢，绿水青山就是金山银山的新发展道路，也即人与自然和谐共生的现代化道路。这从根本上使十四亿多人口的中国实现了全面小康，创造了人口资源环境可持续下的中国经济稳步发展新业态，揭示出生态文明作为人类文明新形态的强大生命力。总之，人与自然和谐共生的现代化是在新时代和新发展阶段，把生态文明纳入建设社会主义现代化强国大局的理论与实践的升华，赋予了现代化新的内涵。这是中国共产党在反思西方现代化模式弊端中所做的理论创新，[①] 是在总结中国发展经验和教训的基础上，对传统工业时代形成的现代化内容及其实现方式的重新思考和深刻转型，[②] 是对传统现代化或经典现代化的反拨和超越，提出了新时代中国特色社会主义现代化的新追求，[③] 是区别于西方资本主义发达国家的现代化的重要标志。

进入新时代，国际力量对比深刻调整，世界进入动荡变革期，单边主义、保护主义、霸权主义、强权政治威胁上升。面对世界百年未有之大变局，以习近平同志为核心的党中央，统筹国内国际两个大局，以"人类命运共同体"中国方案和中国智慧引领人类进步潮流，维护全球化发展态势。这其中，中国的生态文明建设和习近平生态文明思想所倡导的"人与自然生命共同体"，既成为人类命运共同体思想的重要特征，又是使世界上越来越多的国家读懂可信、可爱、可敬中国形象的重要源泉。

---

① 解保军：《人与自然和谐共生的现代化——对西方现代化模式的反拨与超越》，《马克思主义与现实》2019 年第 2 期。

② 张永生：《建设人与自然和谐共生的现代化》，《经济研究参考》2020 年第 24 期。

③ 方世南：《建设人与自然和谐共生的现代化》，《理论视野》2018 年第 2 期。

第二章　习近平生态文明思想是 21 世纪的马克思主义及其自然辩证法

马克思指出："任何真正的哲学都是自己时代精神的精华。"[①] 党的十八大尤其是党的十九大及至党的二十大以来，习近平总书记以对中华民族、对子孙后代乃至对全世界高度负责的人类情怀和使命担当，以问题破解和人民诉求为导向，科学判断形势，准确判断我国国情，系统论述和深刻阐明了生态文明建设的核心内涵、现实意义、历史阶段、历史使命、战略地位、建设实质、战略举措和系统工程等事关生态文明建设重大理论和实践的时代课题，形成、发展和丰富了习近平生态文明思想。习近平生态文明思想是由习近平总书记主要创立的关于生态文明建设的全部观点、科学论断、理论体系和话语体系，集中体现了以习近平同志为核心的党中央对经济社会发展规律认识、党的执政理念和执政方式的不断深化和勇于变革。习近平生态文明思想既是马克思主义关于人与自然关系（专门）思想和学说中国化的最新发展、最高成就，是习近平新时代中国特色社会主义思想十分重要的组成部分；又是整个人类社会人与自然关系思想史上的重要里程碑，是构建人类命运共同体的中国方案和东方智慧。

第一节　习近平生态文明思想自然历史的形成和发展[②]

习近平生态文明思想的形成，与习近平总书记长期扎根基层，了解人

---

① 《马克思恩格斯选集》第 1 卷，人民出版社 2012 年版，第 121 页。
② 参见黄承梁《习近平生态文明思想自然历史的形成和发展》，《中国人口资源与环境》2019 年第 12 期。

民、对民间疾苦感同身受，与人民群众有着密切联系，与说"人民话"的持续品格是分不开的。从理念到思想，从理论到实践，从地方到中央，从国内到国际，习近平生态文明思想的形成经历了自然的孕育、发展和成熟过程。正如习近平总书记所说的："我对生态环境工作历来看得很重。在正定、厦门、宁德、福建、浙江、上海等地工作期间，都把这项工作作为一项重大工作来抓。"①

一　河北正定：宁肯不要钱，也不要污染

20 世纪 80 年代初，习近平同志在北京以南 240 千米的河北正定县度过了三年时光（1982—1985）。1981 年底的正定，是"高产穷县"，人均年收入仅 148 元。为了解决老百姓的吃饭问题，习近平同志带领班子，倡导发展"半城郊型经济"，搞多种经营、大力发展乡镇企业、积极发展经济作物，正定改革如火如荼，经济迅猛发展。② 特别是，为解决正定人多地少的矛盾，习近平同志面对沙荒面积大、无人耕种的情况，提出向荒滩进军，"要发展好林业，利用好荒滩"，县里研究制定了《关于放宽发展林业的决定》。河北人民出版社 2015 年 12 月出版的《知之深　爱之切》一书，收录了习近平同志在河北正定工作期间（1982 年 3 月至 1985 年 5 月）的讲话、书信和文章等。在该著作中，习近平同志关于农村经济发展的许多重要论述，实际上已经涉及资源、环境和人口问题，涉及统筹经济发展和环境保护的问题。他提出农业经济是由经济系统、技术系统和生态系统组成的复合系统，而不仅仅局限于农业生产本身；要把正定县建成物质循环和能量转化效率高、生态和经济都呈良性循环的开放式的农业生态经济系统。③ 这是十分了不起的思想。

1985 年，习近平同志负责制定的《正定县经济技术、社会发展总体规划》明确强调：宁肯不要钱，也不要污染，严格防止污染搬家、污染下乡。这实际上已经向污染宣战。

二　福建是习近平生态文明思想的重要孕育地和发源地

福建是习近平生态文明思想的重要孕育地。从 1985 年 6 月习近平同志

①　习近平：《推动我国生态文明建设迈上新台阶》，《求是》2019 年 1 月 31 日。
②　1984 年 6 月，《人民日报》发表《正定翻身记》，肯定了正定的改革工作和经济社会发展进步。
③　参见中央农村工作领导小组办公室、河北省委省政府农村工作办公室编《习近平"三农"思想在正定的形成与实践》，《人民日报》2018 年 1 月 18 日。

任职厦门始，至 2002 年 10 月，习近平同志在福建工作了 17 年半，其间先后主政宁德、福州和福建全省。17 年间，习近平同志始终高度重视生态环境保护、林业发展、可持续发展和生态省建设，提出了许多在今天看来仍然极具前瞻性、战略性的生态文明建设理念、工作思路和决策部署。这里有如下几方面。

一是在厦门工作期间。习近平同志强调不能以破坏资源环境为代价换取经济发展，着力整治乱砍滥伐树木、乱采沙石，推动筼筜湖①综合治理。现时代，筼筜湖碧波荡漾、白鹭翱翔，成为厦门靓丽的城市名片，是"城市绿肺"。

二是在福建宁德。为了让闽东群众尽快摆脱贫困，习近平同志提出了"靠山吃山唱山歌，靠海吃海念海经"。他在《闽东的振兴在于"林"——试谈闽东经济发展的一个战略问题》一文中明确提出，"闽东经济发展的潜力在于山，兴旺在于林"；②在《正确处理闽东经济发展的六个关系》一文中，他强调处理好若干重要关系，其中，统筹好长期目标与近期规划、经济发展速度与经济效益、资源开发与产业结构调整关系等，③体现了习近平同志始终坚持系统思维、坚持山水林田湖草综合治理的思路。

三是在福州工作期间。习近平同志主持编定了《福州市 20 年经济社会发展战略设想》，首次将"生态环境规划"列入区域经济社会发展规划，提出"城市生态建设"理念。

四是在福建省委工作期间。习近平同志的"绿水青山就是金山银山"重大科学论断得以溯本探源。1997 年 4 月 10 日，担任福建省委副书记的习近平，在三明市将乐县常口村调研时提出："青山绿水是无价之宝，山区要画好'山水画'，做好山水田文章。"④他高度重视闽江流域整体性保护，高瞻远瞩、极具前瞻性地提出了生态省建设的战略构想，形成了中国水土治理的"长汀经验"，成为我国乃至世界范围内水

---

① 筼筜湖（Yundang Lake）旧称筼筜港，位于厦门西南部。1980 年以前，厦门市政设施基础薄弱、没有任何处理设施，环湖 37 平方千米内的数十万居民生活污水、300 多家工厂的工业废水，直接排放入湖，致使污染严重、水体黑臭、蚊蝇滋生、垃圾成山。筼筜湖污染问题人民群众反映强烈。1988 年 9 月，厦门市人大会议上通过了"关于加快筼筜湖综合整治"的提案。

② 习近平：《摆脱贫困》，福建人民出版社 2014 年版，第 83 页。

③ 张希中：《〈摆脱贫困〉对打赢脱贫攻坚战的启示》，《学习时报》2018 年 5 月 16 日。

④ 张林顺：《青山绿水真的成了人民群众的无价之宝》，《福建日报》2019 年 3 月 2 日。

土流失治理的典范。[①]

三　浙江：绿水青山就是金山银山

浙江是习近平生态文明思想"八八战略"践行地，"绿水青山就是金山银山"科学论断发源地。"八八战略"是习近平新时代中国特色社会主义思想特别是习近平生态文明思想在中国东部工业大省浙江省域范围内的先行探索，为习近平生态文明思想的形成和发展提供了极具地域特色的地方经验。

2003 年 7 月 10 日，时任浙江省委书记的习近平同志在浙江省委十一届四次全会上提出了"八八战略"。"八八战略"实质是中国特色社会主义"五位一体"总体布局在浙江省的先行先试，涵盖经济、政治、文化、社会、生态和党的建设的各个方面，涉及经济转型、区域协调发展、城乡一体、陆海统筹、海洋生态文明、法治与人文、平安社会等多个事关浙江经济社会长远发展、科学发展的战略要素，体现了习近平同志一以贯之的治国理政风范和系统思维、辩证思维、历史思维、全局视野。就生态文明建设而言，"八八战略"明确提出"进一步发挥浙江的生态优势，创建生态省，打造'绿色浙江'"。

在这里，习近平同志从全面建设小康社会的实际出发，推动制定了《浙江省统筹城乡发展推进城乡一体化纲要》，启动实施了"千村示范、万村整治"工程。也正是在这项伟大工程中，习近平同志提出了享誉四海的"绿水青山就是金山银山"科学论断，开创了中国农村人居环境整治和美丽乡村建设、新时代乡村振兴战略的先河，也为新时代中国生态文明建设提供了发展范式。

针对浙江经济高速增长过程中的环境问题，习近平同志深刻指出，"你善待环境，环境是友好的；你污染环境，环境总有一天会翻脸，会毫不留情地报复你。这是自然界的客观规律，不以人的意志为转移"[②]。总之，"八八战略"是浙江的，也是中国的。它为浙江全面发展和新时代中国特色社会主义事业都带来了全面深刻的变化，产生了深远的影响。正如习近平同志所说："八八战略"和"四个全面"在精神上是契合的。[③]

---

① 胡熠、黎元生：《习近平生态文明思想在福建的孕育与实践》，《学习时报》2019 年 1 月 9 日。

② 习近平：《之江新语》，浙江人民出版社 2007 年版，第 141 页。

③ 何显明：《"八八战略"与"四个全面"的精神契合》，《浙江日报》2017 年 6 月 19 日。

四　上海：建设好崇明生态岛

在上海，习近平同志提出"要以对人民群众、对子孙后代高度负责的精神，把环境保护和生态治理放在各项工作的重要位置，下大力气解决一些在环境保护方面的突出问题"[①]。习近平同志在上海只工作了短短 7 个多月时间，仍然为生态环境保护和生态文明建设事业留下了重要思想文献，特别在"三农"工作的许多新理念中，涵盖了在今天仍然令人倍感新颖的生态文明理念。

2007 年 7 月 11 日，担任上海市委书记的习近平在青浦区调研时召开座谈会。他针对淀山湖水保护区的问题，提出要加大污染控制力度，实行严格保护制度，通过提高环境准入门槛，倒逼生产方式转型，更好地加强环境保护和生态治理；就加快转变经济发展方式，他提出既要坚持环保优先、节约优先方针，坚决依法淘汰落后生产能力，尤要发展和创新生态技术，着力发展高技术、高效益、低消耗、低污染的产业；就积极探索建立环境保护补偿机制，他提出加快建立与周边省市的协同联动机制，使湖区治理长效机制得以形成；就新农村建设过程大拆大建的问题，他提出要妥善处理好保护与发展、改造与新建的关系，要坚持传承历史文脉，在制定和落实规划时，保护好传统自然村落和城镇，这与习近平同志反复强调的"让居民望得见山，看得见水，记得住乡愁"思想是一致的；就发展生态农业、特色农业，他提出以绿色食品、有机食品生产基地为载体，拉长农业产业链，打造生态农业品牌，提高效率、增加效益。

2018 年 10 月 15 日，《求是》杂志刊发中央农村工作领导小组办公室、上海市委农村工作办公室文章《习近平在上海工作期间对推动"三农"发展的思考与实践》。该文提到：（1）2007 年 4 月 12 日，习近平同志在崇明调研时指出，"建设崇明生态岛是上海全面落实科学发展观、加快构建社会主义和谐社会的一个重大举措"，"要坚持高起点、高标准，扎扎实实推进崇明生态岛建设"，"建设成为水清气洁、林茂土净、环境宜人的生态岛屿"；（2）2007 年 6 月 12 日，习近平同志在金山区调研时指出，"在推进新农村建设过程中，要倍加珍惜，切实加以保护"；（3）2007 年 7 月 5 日，习近平同志在嘉定区调研时提出，现代农业既要发展设施农业、种源农业、精细农业、高效生态农业，还要促进现代农业与其他产业的融合；

---

① 缪毅容：《习近平：下大力气解决环保突出问题》，《解放日报》2007 年 7 月 12 日。

（4）2007 年 8 月 29 日，习近平同志在奉贤区调研时指出，上海"具备了全面实现城乡一体化的条件，城乡一体化并不是一样化、一律化，城还是城，乡还是乡，风貌还是不一样的"；（5）2007 年 9 月 27 日，习近平同志在上海市农村党的建设"三级联创"活动工作会议上指出，"广大农村地区是整个城市不可或缺的生态屏障，是城市的'氧吧'和'绿肺'，这是其他任何产业不能替代的"。

这些重要论断，是在上海这样率先且较好完成工业化的现代化、国际化大都市，怎样更好以生态文明理念为引领，实现人类文明发展理念的嬗变和升华。时至今日，仍然为社会主义现代化建设事业提供了重要思想遵循和根本行动指南。

党的十八大以来，习近平总书记就生态文明建设做出了一系列重要论述，在各类场合与生态文明直接相关的讲话和批示达 100 多次。习近平总书记关于生态文明建设系列所做重要论述、重要文献、相关批示、科学论断，其数量之多、信息量之大、内涵之丰富、思想之深邃、体系之系统，前所未有。习近平总书记以强烈的哲学思辨、炽热深沉的民生情怀、坚定的历史担当和博大开放的全球视野，全面、系统地提出了一系列事关生态文明建设基本内涵、本质特征、演变规律、发展动力和历史使命等的崭新科学论断。

2018 年 5 月召开的全国生态环境保护大会，正式确立习近平生态文明思想。回顾习近平生态文明思想的孕育、形成和发展过程，其提出和确立，已经是水到渠成、实至名归。马克思指出："理论一经掌握群众，也会变成物质力量。"① 习近平生态文明思想是经历了长期的、历史的探索和形成过程，因而极具实践性和哲学思想性。其既主要由习近平创立，又自然地上升为中国共产党人为人类社会实现从工业文明向生态文明转型提出的中国方案、贡献的东方智慧，是人类社会实现人与自然和谐、绿色发展的共同思想财富。

---

① 马克思在《〈黑格尔法哲学批判〉导言》中指出："批判的武器当然不能代替武器的批判，物质力量只能用物质力量来摧毁，但是理论一经掌握群众，也会变成物质力量。理论只要说服人，就能掌握群众；而理论只要彻底，就能说服人。所谓彻底，就是抓住事物的根本，但人的根本就是人本身。"（《马克思恩格斯选集》第 1 卷，人民出版社 1995 年版，第 9 页。）

第二节　习近平生态文明思想的唯物观①

一　自然生产力观：保护生态环境就是保护生产力，改善生态环境就是发展生产力

生产力是马克思主义哲学的基础性概念之一，是人类社会生活和全部历史的基础，通常理解为人类在生产实践中形成的改造和影响自然使其适应社会需要的物质力量。马克思在《德意志意识形态》中曾对生产力进行过界定："由此可见，一定的生产方式或一定的工业阶段始终是与一定的共同活动的方式或一定的社会阶段联系着的，而这种共同活动方式本身就是生产力。"② 马克思主义经典作家曾明确提出社会主义的根本任务是发展生产力，马克思恩格斯在《共产党宣言》中指出无产阶级在取得革命胜利之后的任务之一就是要发展生产力，增加生产力的总量，"无产阶级将利用自己的政治统治，一步一步地夺取资产阶级的全部资本，把一切生产工具集中在国家即组织成为统治阶级的无产阶级手里，并且尽可能快地增加生产力的总量"③。事实上，发展生产力的方式有很多种，譬如提高劳动者素质、改进生产工具等等，保护和改善生态环境则是从更为长时段的辩证视角来提高生产效率、降低生产成本的主要方式。

习近平总书记指出："纵观世界发展史，保护生态环境就是保护生产力，改善生态环境就是发展生产力。"④ 这一科学论断，站在人类发展史的高度，深刻阐述了自然生态环境在生产力中的重要地位和作用，丰富发展了马克思的自然生产力观。自然生态系统不能无限度地为人类提供资源和支持，人类对自然的开发和利用一旦超过自然能够承受的阈值，就会受到自然的惩罚。必须尽最大可能保护生态环境，遵循自然生产力的发展规律，才能促进社会生产力的发展。只有不断解放和发展绿色生产力，才能实现人与自然和谐共生。"只有建立在生产力和生产关系范畴之上的人类社会与自然形成的关系，才是马克思主义者考察人与自然关系的根本，这

---

① 参见黄承梁、燕芳敏等《论习近平生态文明思想的马克思主义哲学基础》，《中国人口资源与环境》2021 年第 6 期。
② 《马克思恩格斯选集》第 1 卷，人民出版社 2012 年版，第 160 页。
③ 《马克思恩格斯选集》第 1 卷，人民出版社 2012 年版，第 421 页。
④ 习近平：《在海南考察工作结束时的讲话》，《人民日报》2013 年 4 月 11 日。

即是认识人与自然关系的唯物辩证法。"① 生态环境作为自然界的现实存在物,其自身存续发展状况必定受到自然规律的支配和约束,人类对待生态环境的方式是否科学和合理,将会在相当大的程度上决定着生态环境以怎样的方式反馈和回应人类。

二　发展模式论:形成绿色发展方式和生活方式

按照马克思主义哲学原理,一切社会矛盾和社会问题的出现,都可以在该时代的物质基础,即生产力与生产关系的矛盾中得到解释。因此,我们思考生态环境问题的根源也应该首先到同时代的生产方式的发展中去寻找。按照发展经济学原理,经济增长的实现机制有两种,一种是规模扩张型,另一种是效率提高型。我们在发展初期,科学技术水平比较低,因而我们一度走过大规模要素投入的粗放型经济发展之路。当前传统的发展道路在实践中已经难以为继,必须转变原有的依靠低廉的劳动力,拼资源投入,高消耗、高污染的经济发展方式,推动形成依靠绿色技术、科技人才、信息化、知识增长等要素,提高资源利用效率,减少环境污染的绿色发展方式。

不断解放和发展绿色生产力,就是要紧紧抓住经济结构和能源结构调整这个关键环节,严格按照既提升经济发展水平,又降低污染排放负荷的要求,优化国土空间开发布局,调整区域流域产业布局。加快划定禁止开发区域、限制开发区域和重点开发区域等分类清晰的区域规划的步伐。同时要在一手抓加快淘汰落后产能,一手抓节能环保产业、清洁生产产业、清洁能源产业,培育和引进两个关键环节上同时发力。首先,要不断增强贯彻绿色发展理念的思想自觉、政治自觉和行动自觉,聚焦节能环保产业转型升级,加快"卡脖子"绿色关键核心技术攻关,积极打造科技含量高、文化品位高、经济附加值高的绿色生态产业链,探索多元化生态产品价值实现机制。坚持在发展中保护、在保护中发展,把绿水青山所蕴含的生态产品价值转化为金山银山,促进生态环境保护和经济发展实现"双丰收"。其次,要以实现高质量发展、建设现代化经济体系为战略目标,加快推进以市场化为导向的绿色技术创新,不断提高资源利用效率和全要素生产效率,以科技创新为引领,走一条健康高效、智能低碳的绿色发展道路。再次,建立健全生态环境改善和绿色发展的体制机制。落实生态环境

---

①　潘家华、黄承梁:《指导生态文明建设的思想武器和行动指南》,《中国环境报》2018 年 5 月 21 日。

领域"党政同责、一岗双责",进一步强化制度保障,增强生态文明建设的规范化、制度化和法治化。提高生态环境管理的精细化、具体化水平。最后,营造良好的社会环境,使节约低碳、保护环境成为社会的主流价值观。开展示范试点,建设一批绿色低碳学校、社区、企业和城市。引导广大民众在日常工作生活中自觉养成勤俭节约、绿色低碳、文明健康的生活方式与消费模式,坚决反对奢侈浪费和不合理消费,以生活方式绿色革命,倒逼生产方式的绿色转型。

三　绿色科技观:引领技术和产业变革方向

科学技术是先进生产力的集中体现,是生产发展的决定性因素。马克思在探究科学技术与自然之间的关系时,把科学技术放到一个更为广阔的社会背景上加以审视,他不仅强调外部自然界对人类社会的优先地位,而且指出科技和工业对自然界的重大作用是人类与自然界理论关系和实践关系的现实反映。马克思深刻阐述科学技术与人类改造自然界的关系,认为,科学技术是人类改造自然的中介力量。"资产阶级历史时期负有为新世界创造物质基础的使命……把物质生产变成对自然力的科学统治。"① 因此,推进生态产业领域的技术变革和产业革命实现实质性突破,推动生态文明建设取得实质性成效,重点在于推动生态领域关键和重大的自然科学的突破。人类发展历史表明,科学技术是在历史上起推动作用的革命力量,科学技术的每一个大发展都不同程度地推动了劳动资料、劳动对象和劳动者素质等生产力各要素的变革,推动了产业结构调整,并给人类生产方式、生活方式和思维方式带来深刻变化,进而推动劳动生产效率的大幅倍增和迅速跃迁。

但是,我们也要看到,科技革命既给人类带来前所未有的发展,改变了全球产业结构,重塑了人类的生产生活方式,提升了人们的生活品质,也带来了诸如全球生态危机、气候变化等生态环境的风险和挑战。一方面,我们要看到人类通过科技创新改造自然、提升效率的历史合理性和必然性;另一方面,我们也要审慎地推进科技创新,使科技创新遵循自然、社会的道德伦理原则,实现经济效益、社会效益、生态效益的共赢。为此,就要大力倡导和推进绿色科技创新。当前,加快推进生态产业领域的绿色技术变革和产业革命实现实质性突破,关键是要合理稳健推进产业结构调整,也就是把重心转移到鼓励高新技术制造业、数字经济、共享经济

---

① 《马克思恩格斯全集》第 1 卷,人民出版社 1998 年版,第 251 页。

等新兴服务业的加快发展上，这些新技术、新产业和新业态，正因为其生态化、绿色化、科技化的本质，往往是最有发展空间、最有市场竞争力的产业。此外，要加快构建市场导向的绿色科技创新体系、加快生产过程和生产结果的绿色化、生态化进程。

现时代，我国经济已由高速增长阶段转向高质量发展阶段。适应这种新发展阶段，一方面要推动生态产业领域的技术革命，建立健全绿色低碳循环发展的产业体系，把发展的基点放到创新上来，实现转型升级；另一方面要加快新旧动能转换步伐，使节能低碳的理念和要求贯穿到生产的全过程。生态环境保护是一项系统工程，需要将其置于统筹推进中国特色社会主义事业总体战略布局之中，始终如一贯彻把生态文明建设融入国民经济和社会发展各方面、全过程，加快推动社会各领域、各行业实现绿色、循环、低碳发展，逐步在全社会形成节约资源、保护环境的绿色生产生活方式。

第三节 习近平生态文明思想的辩证观

一 辩证自然观：人与自然和谐共生

自然观的发展与自然科学的发展有着密切联系。恩格斯指出："要确立辩证的同时又是唯物主义的自然观，需要具备数学和自然科学的知识。"[①] 16—17 世纪，近代科学革命后，在牛顿经典力学影响下，人们逐渐形成形而上学的机械自然观，认为自然是在外力作用下，按照因果规律运动着的机器。这是与当时不发达的自然科学紧密联系在一起的。19 世纪中期之后，随着进化论、能量守恒、细胞学等自然科学的发展，近代形而上学的自然观受到冲击，建立在以实验为依据的科学研究之上的有机论自然观形成。但此时有机论自然观是离开人来谈论自然的，未能认识到现实的人的实践活动对自然的影响。马克思恩格斯在批判吸收近代自然观思想的基础上，提出了辩证唯物主义自然观的思想，既看到了自然界是永恒发展的客观存在，又认识到人通过自己的实践活动对自然进行改造，从而摆脱了僵化的思维方式，把现实的人与现实的自然统一起来，论证了人与自然的辩证统一关系。

---

① 《马克思恩格斯选集》第 3 卷，人民出版社 2012 年版，第 385 页。

首先，人与自然是辩证统一的，人与自然具有同一性。

马克思认为，自然界内各物种彼此依赖、相互联系，是一个完整不可分割的整体。任何事物都不能脱离自然界单独存在，自然是生命之母，是人类赖以生存的基础。随着社会的进步，人类认识自然、理解自然的能力在不断增强，对自身与自然的同一性的认识越来越深刻。人与自然是一个生命共同体，人类必须尊重自然、顺应自然、保护自然，尊重自然规律和自然法则；相反，无视自然规律，肆意妄为，破坏自然生态环境，不仅会遭到大自然的强烈报复，也会危及人类自身的发展与生存。习近平总书记深刻指出："党的十八大以来，我反复强调生态环境保护和生态文明建设，就是因为生态环境是人类生存最为基础的条件，是我国持续发展最为重要的基础。'天育物有时，地生财有限。'生态环境没有替代品，用之不觉，失之难存。人类发展活动必须尊重自然、顺应自然、保护自然，否则就会遭到大自然的报复。这是规律，谁也无法抗拒。"[①]

其次，人与自然认识关系是随着实践的变化而变化的。

在人类社会之初的原始时期，自然环境之于人类是恶劣的，人类无力改变残酷的环境，但又不得不依赖环境，生存下去是人类唯一的追求。人类慢慢地有了群体意识之后，与动物有了质的区别，人类在与自然之间的交往实践中，有了自身主体性。随着生产效率的提升，人类开始有了社会分工，发展进入到更文明的社会形态，这种随着实践而发展的认识论，恰恰说明自然辩证法是具有实践智慧的，而发展是其最本质的特征。新时代，习近平总书记在充分理解自然辩证法的基础上，用发展的眼光看待当前的发展趋势，辩证地提出了"绿水青山就是金山银山"的科学论断。

再次，马克思主义自然辩证法为自然科学的进一步发展提供了方法论基础。

人类作用于自然的实践活动，既彰显着人类的价值，也不断地丈量着自然的生态价值。双向地思考与理解人与自然之间的辩证关系，自在自然的价值在人的实践活动中渐渐被赋予人化自然的价值。在整个过程中，人与自然始终是双向的，彼此联系、相互制约。人类在实践中不断发展与总结，寻求人与自然最和谐融洽的点，不断辩证地提出发展的整体目标和对自然界认知的新观念，其中包括资源利用观、空间规划观、生态系统观、自然规律观以及自然发展观，等等。随着时代的发展，科学理论的内涵与原理始终指引人类社会的前进，但其自身也要随时代的发展更新变换。工

---

① 《习近平关于社会主义生态文明建设论述摘编》，中央文献出版社 2017 年版，第 13 页。

业发展推动人类改造社会的步伐，但也催生新生代的时代因素，促进新技术的蓬勃发展。进入 21 世纪以来，智能信息技术广泛兴起，不断升级应用，渗透至社会的各个领域。人类对宇宙系统进一步探索，不断地扩大和加深对自然界、对整个宇宙系统的认知。在实践改造中全球产业结构也产生了深刻的变革，以清洁能源、绿色能源、新型材料、生物质能等为代表的低碳绿色产业蓬勃兴起，形成了孕育和建设生态文明的产业基础。

习近平生态文明思想以马克思主义自然观为指导，坚持辩证唯物主义立场，从联系的、发展的、矛盾的观点出发，系统阐述了人与自然的辩证统一关系。党的十八大以来，习近平总书记就发展 21 世纪的马克思主义自然辩证法作出了一系列重要论述。这些重要论述话语质朴、娓娓道来，却又充满着极其深邃和丰富的思想内涵，体现出强烈的哲学思辨、炽热深沉的民生情怀、坚定的历史担当和博大开放的全球视野。比如：（1）就爱护生态环境，他说，"要像保护眼睛一样保护生态环境，像对待生命一样对待生态环境"①。（2）就绿水青山（自然生态）和金山银山（物质财富）的关系，他说，"对人的生存来说，金山银山固然重要，但绿水青山是人民幸福生活的重要内容，是金钱不能代替的"②。（3）就生态红线和底线思维，他说，"生态红线的观念一定要牢固树立起来。在生态环境保护问题上，就是要不能越雷池一步，否则就应该受到惩罚"③。（4）就山水林田湖草生命共同体和坚持系统治理，他说，"我们要认识到，山水林田湖是一个生命共同体，人的命脉在田，田的命脉在水，水的命脉在山，山的命脉在土，土的命脉在树。用途管制和生态修复必须遵循自然规律，如果种树的只管种树、治水的只管治水、护田的单纯护田，很容易顾此失彼，最终造成生态的系统性破坏"④。（5）就加快发展方式转变，他说："如果仍是粗放发展，即使事先实现了国内生产总值翻一番的目标，那污染又会是一种什么情况？届时资源环境恐怕完全承载不了。想一想，在现有基础上不转变经济发展方式实现经济总量增加一倍，产能继续过剩，那将是一

---

① 习近平：《在参加十二届全国人大三次会议江西代表团审议时的讲话》，《人民日报》2015 年 3 月 7 日。
② 习近平：《在海南考察工作结束时的讲话》（2013 年 4 月 10 日），载《习近平关于社会主义生态文明建设论述摘编》，中央文献出版社 2017 年版，第 19 页。
③ 习近平：《在十八届中央政治局第六次集体学习时的讲话》（2013 年 5 月 24 日），载《习近平关于社会主义生态文明建设论述摘编》，中央文献出版社 2017 年版，第 6 页。
④ 习近平：《关于〈中共中央关于全面深化改革若干重大问题的决定〉的说明》，《人民日报》2013 年 11 月 16 日。

种什么样的生态环境？"① 等等。

这一系列重要论述，一是明确了自然的基础性和先在性，提出自然界对于人类的重要意义。二是阐明了人与自然不是主宰与被主宰、征服与被征服的关系，而是相互依存、相辅相成、共生共赢。三是深刻体现了人与自然的本质特征，超越了"人类中心主义"与"非人类中心主义"将人与自然关系绝对化的观点。四是强调人类在改造自然的同时必须尊重自然、顺应自然、保护自然。正如习近平所指出的，"人类可以利用自然、改造自然，但归根结底是自然的一部分，必须呵护自然，不能凌驾于自然之上"②。

二　辩证发展观：绿水青山就是金山银山

针对将环境保护与经济发展对立起来的观点，习近平总书记运用两点论与重点论相统一的矛盾分析法，创造性地提出"绿水青山就是金山银山"，这既是重要的发展理念，也是推进现代化建设的重大原则。这一理念和原则，阐述了生态环境保护与经济发展之间的辩证统一关系，既有两点论，又有重点论，二者相互依存，不可分割，构成了有机整体。"两山论"体现了唯物主义辩证法两点论和重点论的有机统一。

第一，发展是一个由简入繁、由野蛮至文明的动态过程，人类社会一直在向前发展。工业文明以来，自然环境与社会发展之间矛盾凸显。无视自然环境单纯追求经济发展，这不符合自然辩证法中的自然规律。追求绿水青山的良好生态，放弃发展的道路，更不符合社会进步发展的历史规律。

第二，发展是绿色发展，是在考虑环境资源承载力的基础上的发展。金山银山与绿水青山是辩证统一的，不能割裂地去对待。回顾人类文明的发展历程，进入工业时代后，人类罔顾自然环境，在片面追求经济增长进程中，顾此失彼、急功近利，肆意破坏自然环境，最终带来一系列的环境难题，欠下巨大的生态债。绿色发展就是要求转变这种方式，加快产业结构调整与新旧动能转换，推动生产资源化与生态化，提高产品的绿色属性，把资源优势转变成经济优势，把生态环境优势转变成发展优势。在追求良好生态中寻求健康可持续的经济发展。

---

① 习近平：《在十八届中央政治局常委会会议上关于第一季度经济形势的讲话》（2013 年 4 月 25 日），载《习近平关于社会主义生态文明建设论述摘编》，中央文献出版社 2017 年版，第 5 页。

② 习近平：《携手构建合作共赢新伙伴，同心打造人类命运共同体》（2015 年 9 月 28 日），载《十八大以来重要文献选编》（中），中央文献出版社 2016 年版，第 697 页。

第三，要坚持绿水青山就是金山银山。绿水青山本质上就是山、水、林、田、湖、草等组成的生态系统，全力维护绿水青山的生态资源，就是为经济发展注入源源不断的资本。从代内来看，绿水青山不仅仅包括可视化的资源货币价值，还可以转化为旅游等潜在的资源服务价值；从代际发展来看，绿水青山不仅给当代经济发展注入源源不断的生态福利，还将服务于下一代的经济发展，代代相传，生生不息。资源变资产、资产变资本，这也是追求绿色发展的深层含义与远大格局。

三　辩证系统观：山水林田湖草沙冰是生命共同体

唯物辩证法告诉我们，包括人类在内的整个自然生态系统是一个有机整体，整体中的各个组成部分既独立又相互联系、相互影响、相互作用，要用普遍联系和动态发展的观点看待并处理自然界中的一切事务。恩格斯在《自然辩证法》中指出，"我们所接触到的整个自然界构成一个体系，即各种物体相联系的总体，而我们在这里所理解的物体，是指所有的物质存在"[①]。这就说明，整个自然界是一个客观存在的大系统，自然界这个"总体"和各种物体之间具有"相互联系"性。

习近平总书记从整体与部分、系统与要素之间的辩证角度出发，揭示出山水林田湖草沙冰各个生态要素之间相互依存、相互转化的共生关系。他站在更广的维度，从人与自然出发，又提出人与自然是生命共同体的思想，这是对生态环境以及人与自然关系的全局把握，是对人与自然共生共存共荣的高度认识。生态环境的治理，包含了经济问题、政治问题、文化问题、社会问题，是一项具有整体性和系统性的复杂工程。"山水林田湖草沙冰是生命共同体"，要求我们要统筹兼顾。

长期以来，我们对山水林田湖草沙冰各要素之间的联系认识不够，这导致各个要素之间的资源产权归属不够清晰，部门职责也不明确。种树的只管种树，治水的只管治水，护田的只管护田。各领域各部门各自为政、政出多门。有利的争抢着管，有问题追责的时候又互相推诿。这样生态环境保护和治理的成效并不明显，也不理想。统筹山水林田湖草沙冰系统治理，旨在要求我们从系统工程和整体思维去寻求新的治理之道，多点散发、整体施策、统筹兼顾，做好顶层设计与整体部署，从各领域、多角度、全方位、全地域、全过程来整体推进生态文明建设，统筹生态环境各要素和生态治理各环节，统筹治山、治水、治林、治田、治湖、治草多点

[①]　《马克思恩格斯选集》第3卷，人民出版社2012年版，第952页。

成线、线面共进，统筹陆地和海洋资源的开发和保护，统筹城市与乡村协调发展，坚持专项治理与标本兼治，促进多地联动联控联治，全社会共同行动建设生态文明。

第四节　习近平生态文明思想的历史观和民生观

一　历史唯物论：走向生态文明新时代

习近平总书记指出："生态文明是人类社会进步的重大成果。人类经历了原始文明、农业文明、工业文明，生态文明是工业文明发展到一定阶段的产物，是实现人与自然和谐发展的新要求。"①

基于宏大的历史视野，生态文明是人类社会历史发展中更高级别的文明形态，是人类社会发展到新阶段所呈现出来的新的社会文明特征。就历史本身的发展而言，每一次生产工具的重大进步，都会造成生产方式的大发展、大变革，都会极大地提高人类的物质生活、极大地丰富人类的精神生活，这是历史发展的必然趋势。原始社会时期，人类文明以摩擦生热、钻木取火等朴素、原始的生产生活方式为其主要特征；农业社会时期，人类文明进入了刀耕火种的时代，各种青铜器和铁器在农业生产和生活中的使用，尤其是铁器农具"犁"的出现，使得人类生产活动开始具备主动性特征的同时，也开始对生态环境造成一定的影响；工业社会时期，人类文明进入了以蒸汽机的发明和应用为标志的机器大工业生产时代，人类自身生产和生活能力得到大幅度改善和提高的同时，也深刻地影响到了人类社会历史发展所赖以生存的生态环境。

从历史上看，人类的生产和生活能力越是提高，人类社会所面临的资源、生态和环境危机就愈发严峻。当这些危机越来越危及人的生存和发展时，生态文明社会的提出和发展就成为一种历史的必然。事实上，生态文明社会的提出和发展，既是生产力发展到一定阶段的结果，本质上又同样受到唯物史观生产力与生产关系矛盾运动规律的支配。从人类社会历史的发展过程来看，每一次人类社会文明形态的演进，都是以生产工具的历史性变革为基础的，就如同原始社会文明中火和石器的诞生、农业社会文明

---

①　习近平：《在十八届中央政治局第六次集体学习时的讲话》（2013 年 5 月 24 日），载《习近平关于社会主义生态文明建设论述摘编》，中央文献出版社 2017 年版，第 6 页。

中铁制农具的产生、工业社会文明中蒸汽机的产生一样，只有实现生态技术和生态工具的历史性重大变革，才有可能形成建立在此基础之上的生态社会的物质文明和精神文明。

也正是在此意义上，我们提出，人类社会要实现由工业文明向生态文明的转型，生态技术和生态工具的重大、革命性突破，其理论和实践品格就显得尤为重要。只有坚持在生态技术和生态工具发展上实现创新性突破，才能推动人类社会文明形态向生态文明型社会转变。

二　辩证历史观：生态兴则文明兴，生态衰则文明衰

习近平总书记站在世界历史的高度，充分肯定了尊重生态环境是人类社会文明永续发展的基础，是具有现实意义的生态文明史观，是对马克思主义唯物史观中对于人与自然辩证关系、矛盾普遍性与特殊性的基本原理、社会发展历史客观规律等思想的继承与创新发展。

回顾人类的发展史，人类文明发展与自然生态环境有着紧密的联系，不同形式的文明的出现与持续发展都是建立在良好生态环境的基础上的。如果我们过分陶醉于对自然资源的极限攫取与任意破坏，必定会导致文明的衰落或迁移。从人类历史世界范围看，区域性的人类文明均发源于水源充足、土地肥沃、生态稳定的大河流域。在某种意义上，人类文明史就是大河文明史，如世界四大古文明，两河流域孕育的古巴比伦文明、印度河孕育的古印度文明、尼罗河孕育的古埃及文明，以及黄河流域中的古中国文明。但随着文明发源地生态环境的严重破坏，除了中华文明传承发展外，其他三大文明相继衰落消亡。这即是生态衰则文明衰。美索不达米亚文明作为西亚最早文明的代表，当地居民为了耕地而毁林复垦，严重破坏了当地的生态环境，土地荒漠化日益严重，可利用土地面积不断缩小，慢慢地成为不毛之地，自此文明不复存在。这即是说，人类要想良好生存和永续发展，就不能破坏他赖以生存和发展的自然生态环境。人类以劳动为中介不断地实践尝试，试图在改变自然中谋求长远的生存发展，但却屡屡导致人与自然矛盾的激化，引发一系列的生态问题。

善弈者谋势、善治者谋全局。党的十八大以来，以习近平同志为核心的党中央以史为鉴，站在战略高度不断完善全国发展战略布局、打造区域协调发展新格局；提出"一带一路"建设、确立京津冀协同发展、建立三江源国家生态保护区、长江经济带生态优先发展、黄河流域高质量发展战略，对构建主体功能区提出新要求；从点—线—面全面统筹，不断优化生态布局，确保形成相对独立又彼此关联的生态发展新格局，确保各个区域

生态安全稳定，持续发展。这是对"生态兴则文明兴，生态衰则文明衰"做出的最好的时代诠释，是为中华民族永续发展做出的战略考量。

三 生态民生观：良好生态环境是最普惠的民生福祉

习近平总书记指出："良好生态环境是最公平的公共产品，是最普惠的民生福祉。"①

马克思主义群众史观认为，人民群众是社会历史发展进步的根本推动力量，社会主义本质上一方面要做到更好地促进生产力的解放和发展，另一方面还要努力做到不断消灭剥削、消除两极分化，最终达到共同富裕。人民群众生活质量的提高，必然离不开对生态需要的满足，而生态需要的满足，又是建立在物质、政治、文化等需要满足的基础之上的。这就要求生态文明建设必须要建立在群众史观的基础上，既坚信人民群众是历史变革的推动者和创造者，又坚持一切以人民群众为中心，将人民性作为生态文明建设的价值取向。

习近平生态文明思想坚持人民至上根本立场，深化和拓展了民生概念的新内涵，坚决摒弃唯 GDP 论英雄的狭隘政绩观、狭隘民生观。习近平总书记关于生态与公共产品、生态与民生关系范畴的科学论断，是对良好生态产品公共民生属性的揭示，也是在新的历史条件下对我们党民生思想的完善、丰富和发展。在古典福利经济学概念体系里，公共产品并没有包括无须人类劳动付出即可免费获取和获得的空气和水。因此，传统"民生"范畴多指需要社会付出而由政府提供的医疗服务、教育资源、就业机会等公共性服务。现时代，随着生态环境问题的日益严峻和对社会生活影响的深化，生态环境的公共产品属性越来越明显地展现出来，生态环境作为一种特殊的公共产品比其他任何公共产品都重要。生态环境具有明显的普惠性和公平性，有着典型的公共产品属性。

"最公平的公共产品"既强调了治理结果的重要性，也强调了治理过程的主体责任。在新时代，以习近平生态文明思想为根本遵循，必须树立新的政绩观。必须着眼新时代社会主要矛盾变化，深刻把握良好生态环境是最公平的公共产品的深刻内涵，统筹把握最公平的公共产品和最普惠的民生福祉，把良好的生态环境作为党和政府必须提供的基本公共服务，实施绿色决策、科学决策，以新发展理念切实转变发展理念，把持续提高生

---

① 习近平：《在海南考察工作结束时的讲话》（2013 年 4 月 10 日），载《习近平关于社会主义生态文明建设论述摘编》，中央文献出版社 2017 年版，第 4 页。

态环境质量作为履行生态文明建设职责、提升公共治理水平、呵护最普惠民生福祉的重要内容，全方位、全过程、全系统满足人民群众日益增长的生态产品需求。

牢牢把握习近平生态文明思想人民至上根本立场，使我们能够更加深切地意识到，只要坚持人民观、坚守一切为了人民的初心，就一定能够实现美丽中国历史愿景。我们今天学习好、阐释好习近平生态文明思想，把握好人民性作为习近平生态文明思想的根本属性，就必须认识到，习近平生态文明思想既是新时代我国生态环境保护和生态文明建设事业之所以发生历史性、转折性、根本性变化的根本保证；也是面向"十四五"时期，面向 2030 年、2060 年碳达峰碳中和战略布局，到本世纪中叶建成美丽中国的根本思想遵循。现在，党中央将碳达峰碳中和纳入生态文明建设总体布局，我国生态文明建设进入降碳、减污、扩绿、增长新时代，把握习近平生态文明思想人民至上根本立场，就是不能采取"一刀切"、运动式"降碳"；就是不能把长期问题短期化，给经济社会可持续发展造成巨大危害；不能以牺牲人民群众利益为代价换取数据性指标。习近平生态文明思想所揭示出的鲜明的人民性、一以贯之的实践性，是我们党接续发展、努力推动和促进人与自然和谐共生的永恒品格，需要一代代共产党人不断地继承和发扬。

总之，习近平生态文明思想坚持辩证唯物主义和历史唯物主义立场，坚持良好生态环境服务民生福祉的以人民为中心的发展思想，运用唯物主义辩证法分析我国生态文明建设的战略地位、核心要义、科学方法、方向目标。习近平生态文明思想深刻阐述了自然生态环境和科学技术在绿色生产力发展中的重要作用，明确了在实践中推进绿色生产方式和发展方式的重大意义，强调生态文明建设的实质在于发展道路的绿色转型。在此基础上，习近平生态文明思想深刻揭示了人、自然、社会之间的辩证关系，全面系统分析了人与自然之间、经济发展与自然生态系统之间的对立统一关系；从历史发展高度深刻阐明了人类史与自然史、文明兴衰与生态兴衰的关系。

中　篇

分　论

第三章 大逻辑·辩证法·认识论：
加快构建生态文化体系

文化是民族的血脉，是人民的精神家园。中华文明为世界文明的发展做出过重要贡献。绵延5000多年的中华文明，自古就包含着敬畏自然、尊重自然、顺应自然和保护自然的生态智慧，蕴含"生"的哲学。我们的老祖宗很早就认识到"生生之谓'易'"，"'易'以道阴阳"，"是故，易有太极，是生两仪，两仪生四象，四象生八卦"，构建了中华文化主流精神的天人合一、道法自然、众生平等的人与自然和谐共生哲学。在此文化传统支配和影响下，很早就专门设立了保护山林川泽的虞衡制度。这种文化哲学，浸透成为中华民族尊重自然、道法自然的民族基因，并使中华文明在5000多年的历史中，整体上维护了人与自然和谐的、动态的平衡。

与此同时，马克思主义创始人马克思、恩格斯不仅非常重视人与人的和解，他们也同样重视人与自然的和解，强调人与自然和谐相处。当代中国和世界生态文化的构建需要多视角的生态理论指导，马克思恩格斯思想不啻为一座丰富的理论宝库，能带给我们很多启示。

进入21世纪，中华民族在全球率先扛起了建设生态文明的大旗，形成了指导生态文明建设的根本思想遵循——习近平生态文明思想。必须尊重老祖宗的生态智慧，坚持民族文化自信，以习近平生态文明思想为指引，推动中华传统文化和马克思主义相结合，全面审视人与自然关系，重新构建包括一切生命在内的"生命哲学"和环境伦理。

第一节　马克思恩格斯关于人与自然和解
思想的基础理论

一　人类文明文化发展的一般规律①

（一）文明和文化都是人类创造的成果

文化和文明是既有联系又有区别的两个概念。

文化和文明都是人类的创造。人类文化的历史比文明早得多，文明是人类社会发展到高级阶段的产物。在某种程度上，"文化"是人类能够区别于动物的重要方式，人类由较高等的动物进化到"有文化"的人，由此构筑了人类世界的历史。恩格斯在《反杜林论》中指出："最初的、从动物界分离出来的人，在一切本质方面是和动物本身一样不自由的；但是文化上的每一个进步，都是迈向自由的一步。"②在我国古代典籍中，文化是"文德教化"。西汉刘向《说苑·指武篇》说："圣人之治天下，先文德而后武力。凡武之兴，为不服也；文化不改，然后加诛。"美国学者摩尔根在《古代社会》（1877 年）一书中，基于人类发展阶段，即与低级到高级相对应，将其分为三个时期——蒙昧、野蛮、文明。他认为，"人类文化"早于"人类文明"，有了人就有了人类文化，有 300 万—700 万年的历史。在人类最近的 10 万年的历史中，蒙昧时期占 6 万年，野蛮时期占 3.5 万年，文明时期只有 5000 年。因此，文明只是人类社会发展到高级阶段时才出现的。恩格斯就此指出："从铁矿的冶炼开始，并由于文字的发明及其应用于文献记录而过渡到文明时代。"③

（二）人类文化是历史地发展的

人类社会经历了远古、古代、现代三个时期的演进，相伴而生的人类文化也迎来了四种形式的发展和转型——从自然文化到人文文化，再到科学文化，最终走向生态文化，与之对应的是两次划时代的文化革命。第一次文化革命是以农业诞生为标志，在这个过程中，农业文明战胜了渔猎文明；第二次文化革命由工业革命揭开序幕，随之而来，农业文明过渡到工

---

①　参见黄承梁、余谋昌《生态文明：人类社会全面绿色转型》，中共中央党校出版社 2010年版。

②　恩格斯：《反杜林论》，人民出版社 1970 年版，第 112 页。

③　《马克思恩格斯全集》第 21 卷，人民出版社 1965 年版，第 37 页。

业文明；现在，新世纪已经来临，工业文明将会被新文明替代，以此吹响第三次文化革命的号角。

远古时代，人类最早的文化是自然文化。自然文化是人类创造的、可追溯的最原始的文化。这个时期，人类拥有的最多属性是"自然性"。彼时，人类与自然联系紧密并对其极度依赖，受各种因素限制，人类对自然更多的是服从和顺从。

古代社会，人文文化随之走上时代舞台，其孕育出的时代硕果便是璀璨夺目的农业文明。将自然、人伦和人事三者放在同一位置，同等看重是它的显著特征。此时，虽然人文科学已经高度发展，中国人文文化的成果也问鼎世界之巅，但自然科学停滞不前。

现代社会，人类文化是科学文化。工业文明以科学技术进步为核心。文化也转变成科学文化。发达先进的科学技术是推动工业文明变革进步的重要推动力量。在工业文明下，人类社会创造了有人类历史以来的最大物质财富，生活方式也渐趋现代化。

人类文化发展是连续的，既有稳定性又有继承性。正如矛盾特殊性规律一样，在不同时期，人类文化又表现出其特性，但各类型文化间又有着内在的联系。如当文化发展到人文文化阶段，自然文化也蕴含其中；而科学文化又包涵前面两者；以此类推，我们今天所认为的生态文化必然蕴藏着自然、人文、科学三种形态，但由于历史变迁和社会生产力的巨大变革，它们的表征和内涵却有所不同。

与此相似，资本主义和社会主义出现，并不意味着奴隶制和封建制的消亡，它们仍然共存于世界某个角落。社会形态是以社会核心生产方式的不同而被划分的，农业是农业社会的核心生产方式，渔猎依旧与之共存；工业是工业社会的核心生产方式，然而渔猎和农业并没有消逝，相反，它们仍是社会生产的重要基础方式，只不过传统生产技术或生产方式经过工业革命的洗礼，已经焕然一新。

二　马克思恩格斯劳动异化、科技异化、消费异化论揭示人与自然关系高度紧张的制度根源

（一）劳动异化

在马克思看来，自然界永远不是脱离了人与社会的抽象的存在，自然史与人类史在本质上是统一的。所以对人与自然关系的研究实际上等同于对人与人的关系的研究，也即对社会的研究。从生物学意义上讲，人首先是自然界的一部分，人通过自然界获取维持肉体生存的生活资料。动物只

能把自然纳入自己的生存境遇中，人区别于动物的地方在于人具有主观能动性，还可以把自然纳入自己的劳动境遇中。因此，在马克思的观念中，我们不能抽象地研究人与自然的关系，必须在社会的现实劳动中研究人与自然的关系。劳动是人与自然联系的桥梁，因为劳动，自然界才真正进入人类视野，成为人的现实的自然。因为劳动，人类的整个历史才得以展开。劳动应该受人自己控制，那么人与自然的关系也掌握在人自己手中。

但在资本主义制度下，资产阶级占有生产资料。马克思基于此考察了资本主义制度下劳动的异化现象。劳动产品是劳动的对象化，是经由人的双手改造过的自然物质，是对自然物质的再组织，兼具使用价值和交换价值。劳动产品凝聚了劳动者无差别的人类劳动，本是劳动者自身的外延，却被从劳动者手中夺走并反过来统治劳动者自身。[①] 不仅劳动产品从劳动者的外延中脱离，成为劳动者的外化存在，甚至劳动本身也被从劳动者身上剥夺了。劳动产品和劳动本身的外化使劳动者站在了自然界的对立面，既无法获得劳动的生产资料，也无法获得维持肉体生存的生活资料，并最终演变为"他只有作为工人才能维持作为肉体的主体的生存，并且只有作为肉体的主体才能是工人"[②] 的矛盾怪圈。

劳动者为了维持肉体存在必须从自然界获取生活资料，可是劳动者一无所有，必须首先得到一份工作才能为自身赚取生活资料。劳动与劳动者的肉体生存成了互为前提却又无从缘起的悖论。工人必须在与自然界的挣扎和对抗中才能勉力维持自身的生存，保护自然无从谈起。换言之，异化劳动脱离了自然规律的制约，完全以追求利润最大化为标准，肆意地掠夺自然资源，破坏生态环境。自然界是人的无机的身体，保护自然界就是保护人自身，当异化劳动夺走了人的无机的身体——自然界的时候，破坏自然界也就变得麻木不仁，因为自然界已经不属于自身。

劳动本应是人的自由自觉的活动，是人类的本质，内化在人之中，缘何却外化为人之外的东西？在资本主义制度下，劳动不再是为了满足人的类本质的需要，劳动成为满足人的肉体生存的手段。马克思认为出现这种现象的原因是劳动不再是自由自觉的活动，劳动被别人占有了。劳动异化归根结底是人与他人关系的异化。马克思指出了劳动异化的三个规定。第一个规定展示了物的异化，物的异化最终导致了人同自然的关系异化。第二个规定展示了自我异化，自我异化抹去了人的主体意识。第三个规定是

---

① 《马克思恩格斯文集》第 1 卷，人民出版社 2009 年版，第 157 页。
② 《马克思恩格斯文集》第 1 卷，人民出版社 2009 年版，第 158 页。

人与人的类本质的异化。

异化劳动导致了如此严重的主客体倒置，那么究竟谁从异化劳动中受益了呢？劳动异化问题应该终结于何处？马克思把劳动异化最终指向生产关系的异化——人与人的关系的扭曲，并展开了对资本主义制度的批判。

马克思认为，第一，资本主义以追求利润为最终目的，把自然视为财富的源泉；第二，资本主义追求资本扩张，为了扩大生产规模，节省生产成本，最大限度地开发利用第三世界的自然资源，给不发达国家造成了同样的生态危机。简言之，在资本主义制度下，资本家考虑的只是利润，既不会在意环境的污染状况，也不会关心工人的身体健康。社会制度造成的人与人之间的冲突加剧了人与自然的冲突，人与自然的和解依赖于社会制度的变革。

（二）科技异化

马克思主义强调生产力是社会发展的决定力量，而生产力的发展取决于生产工具的变革，取决于科学技术的进步。理论上，科学技术的自然属性是合规律性，这是价值中立的，它是在认识自然的基础上形成的。科学技术作为一种工具，其所谓"价值"是中立的，工具本身并不会能动地发挥有利于或不利于自然环境的作用。

在资本主义制度下，科学技术却发生了异化。正如蕾切尔·卡逊在《寂静的春天》中所描述的那样，为了消灭害虫，提高农作物产量，化学农药被大量投入使用，可结果却事与愿违。化学农药虽然在短期内能起到消灭害虫的作用，可从长远来看，反而助长了害虫的抗药性，还给环境带来了灾难性后果。化学农药的使用就像与魔鬼做交易，大量有益昆虫和鸟类灭绝；污染水资源和土壤；威胁人类健康……生产农药的资本家为了追求高额利润，不顾生态环境的破坏，不顾广大民众的安危，极力诋毁蕾切尔·卡逊。虽然，在《寂静的春天》出版之后的1972年，美国全面禁止DDT的生产和使用，我国在1983年禁止DDT作为农药使用，联合国在2004年正式禁用DDT。但是，比DDT毒性更高、危害更严重的有机化学农药仍然在世界各个角落播撒。

总体看，特别是从人类社会现代化的历史进程看，科学技术的进步推动了生产力的发展，极大改善了人们的物质生活水平，也提高了人类的工作条件。但是，我们也要看到科技对人的奴役，科技异化是劳动异化的延伸，是资本主义对人的控制手段的加强。工业社会成了科技至上、唯科学论的极权社会，个人既无法摆脱私有制造成的资本壁垒，也无法摆脱科技异化造成的科技壁垒，人自由而全面发展的理想更加虚无缥缈，人成了单向度的人。

因此，科学技术并非完全价值中立，我们应该正确理解科学技术的社会属性，其合目的性，必然受到社会经济、政治、意识形态等众多因素的影响。必须要清楚科学技术以谁的意愿发展、由谁占有、为谁所用、谁具有最终解释权、谁具有知情权、谁承担后果等关键节点。这也就是说，科技发展必须以人为本，既要考虑到这一代人的利益，又要顾及下一代人的长远利益。凡是有损社会最广大人民群众利益而只有利于既得利益群体的科学技术，我们要坚决抵制。科技发展的成果必须为全世界人民共享，科学技术不应成为维持资产阶级剥削和霸权主义的新工具，应该本着共创共享的原则，让科技发展的成果真正造福全人类。"只有进行工具理性批判，使理性恢复自我批判能力，才能消除各种形式的异化，将人类从不合理的状态中解放出来。"①

（三）消费异化

在资本主义永无止境追求利润的背景下，生产效率的提高得益于科学技术的进步、生产工具的变革、生产力的提高。资本周转率的提高必须依靠大众消费能力的提高，生产出的商品必须快速消费掉才能快速回笼资金用于再生产，才能创造更大的利润、积累更多的财富。通过生产—消费—再生产的渐进式剥削形式，劳动者的反抗意识不断降低，对资产阶级统治者的依赖性不断提高，消费所带来的虚假满足掩盖了资本主义的剥削本质，消费异化为社会控制的一种手段。

在这里，本应是为了满足人的需求而被生产出来并被交换使用的商品，却异化成人为了满足商品被消费的需求而存在，人与商品的关系完全颠倒了。人好像就是为了消费而生，只有在消费中才能证明自己的存在感，人的理性价值逐渐为感官享受让步。在各种营销手段的推波助澜下，超前消费、炫耀性消费、病态消费等过度消费形式蔚然成风。这些消费形式不断吸引人们的眼球，激发人们的欲望，挑战人们的价值观。人的灵魂和精神被完全物质化了，人们越多地重视物质，就会越少地反观自省关注自己的精神。

与此同时，近年来，随着信息革命和智慧地球的全面升级，文化也成为了商品，并演变成快餐文化，向人们提供标准化的文化商品。为了迎合更多人的审美趣味，文化商品陷入庸俗化，不以追求审美、批判、人文关怀为使命，只是为了满足大众的感官刺激和猎奇心理。商品也披上了文化

---

① 赵海峰：《法兰克福学派"技术理性批判"之困境及启示》，《学术交流》2012 年第 9 期。

的外衣，试图让消费者从商品中找到有文化、有身份、有地位、有品位的假象。

实际上，人们很难从异化消费中获得真正的自由和幸福。过度消费是以过度消耗自然资源、过度排放废物、过度污染环境为代价的。当过度消费成为社会风潮，为普罗大众纷纷效仿时，既给生态环境带来巨大压力，又破坏了社会公平正义。习近平总书记指出："良好生态环境是最公平的公共产品，是最普惠的民生福祉。"① 良好的生态环境，是人民生存和发展的前提和基础，既是生态褓褓，更是民生福祉。从社会公平正义看，异化消费的背后是贫富差距的不断拉大，一部分人还生活在温饱线以下，满足基本需求的消费都很困难，而另一部分极富阶层以享乐主义的生活方式过着纸醉金迷的生活。总之，异化消费的形式是过度生产—过度消费—过度再生产，生产消费越多，对自然的掠夺就越严重。这是人类的悲哀。

三　自然辩证法是马克思主义哲学的重要组成部分

自然辩证法的前提首先就是客观存在的自然界，是对自然界和自然科学的一般规律的总结。马克思把自然分为自在自然和人化自然，并强调自在自然的客观先在性。人首先是自然界的存在，其次才是实践的主体从事改造自然的活动。无论生活资料还是生产资料都来源于自然界，离开自然界，人无法生存，劳动也无法进行。基于此，马克思指出自然史和人类史是统一的，"地球的表面、气候、植物界、动物界以及人本身都发生了无限的变化，并且这一切都是由于人的活动"②。所以自然辩证法和历史辩证法，是辩证法思维在自然界和自然科学领域的展现，两者缺一不可，同为马克思主义辩证法的两个最重要的方面。

（一）自然优先于人类而存在，人类活动必须遵循自然规律，违背自然规律必然受到大自然的报复

马克思从如下三个维度系统阐发了人与自然的关系。

第一，自然界是人的无机的身体，是人类赖以生存的前提，没有自然界也就没有人类自身，只有承认自然界的整体价值和内在价值，人类的价值才有安放之处。第二，自然界作为自然科学的对象，是人类认识的对象。人类对于自然界规律的认识越深刻，改造自然的活动就越有标准和尺

---

① 习近平：《在海南考察工作时的讲话》（2013 年 4 月 10 日），载《习近平关于社会主义生态文明建设论述摘编》，中央文献出版社 2017 年版，第 4 页。

② 《马克思恩格斯文集》第 9 卷，人民出版社 2009 年版，第 484 页。

度。第三，人类改造自然的活动必须受自然规律的制约，任何违背自然规律而改造自然的活动必然转化为对自然的破坏。人类具有主观能动性，能根据自己的价值尺度改造自然，但是不能陷入人类中心主义，改造自然不等同于控制自然。我们必须在充分认识自然规律的基础上进行人类活动，超出了自然承载力的人类活动必然招致自然的报复。

基于此，马克思恩格斯改造自然的思想是建立在充分认识自然规律并充分尊重自然规律基础上。如果改造自然思想是造成生态中心主义对马克思误解的最大原因的话，那马克思不仅仅把自然当作自然科学的对象，还把自然作为人的审美的对象，是人的精神的无机界。

生态中心主义建构了一种全新的伦理学，他们从整体论的角度提出生态系统也有内在价值，应该整体考虑生态系统的价值而不单单是人类的价值。

人类中心主义只考虑人类的价值，主张控制自然、支配自然，自然仅仅在满足人类需求的意义上具有工具价值。

马克思主义经典作家关于人与自然关系的思想，既不是全然不顾自然的人类中心主义，也不是忽视人类利益的生态中心主义，而是坚持人与自然的统一。

马克思始终把自然作为人类存在的前提、无机的身体、生活资料的来源，始终承认自然的先在性，然后才把自然当作劳动资料来源、实践的对象，并且始终把实践放在符合自然规律或者说"美的规律"的基础之上。

人比动物更有普遍性，人所占有的自然界更广阔，而且人通过更全面的生产活动按照美的规律再生产整个自然界。地球是目前为止最适宜人类居住的家园，地球的美独一无二，按照美的规律建设家园是人类不可推卸的责任。改造自然不是为了破坏自然，而是为了按照自然的规律更好地保护自然。

随着人类活动的向外拓展，毫无人类痕迹的原始自然已经不复存在，我们所处的自然就是现实的自然，是人化自然。"在人类历史中即在人类社会的形成过程中生成的自然界，是人的现实的自然界。"① 自然界只有通过人类实践活动作为中介才进入人类的视野，对人类来说才有意义。

（二）自然辩证法是人与自然统一的辩证思维方式

近代形而上学唯物主义放弃了辩证法思维，以孤立、静止、片面的眼光看自然界。黑格尔恢复了辩证法这一思维方式，把整个自然界和精神世

---

① 《马克思恩格斯文集》第 1 卷，人民出版社 2009 年版，第 193 页。

界描写为一个不断螺旋上升的逻辑演变过程。但是，黑格尔把自然界当作观念的外化，把自然史等同于绝对精神的逻辑发展史，这就否定了自然的客观实在性，辩证法成为外在于自然的纯粹臆想的东西，陷入唯心主义。马克思恩格斯批判继承了黑格尔辩证法中的合理成分，剔除了其唯心主义杂质。恩格斯认为自然界是客观存在的，并处于不断的运动发展之中。"事情不在于把辩证法规律硬塞进自然界，而在于从自然界中找出这些规律并从自然界出发加以阐发。"① 恩格斯"脱毛式"地研究了当时的数学和自然科学成果，以此为中介来研究辩证法，提出了辩证自然观和辩证科学观。

恩格斯认为，自然界不存在永恒不变的东西，一切都处于运动变化中，形而上学的自然观被打破了。"整个自然界，从最小的东西到最大的东西，都处于永恒的产生和消灭中，处于无休止的运动和变化中。"② "自然界不是存在着，而是生成着并消逝着。"③ 自然界处于永恒的运动中，自然科学研究的内容是不同的运动形式。我们不能孤立地看自然界，必须整体地、相互联系地看自然界，必须抛弃形而上学的思维方式，回归到辩证的思维方式上来。

形而上学的思维方式造成了人与自然的对立，只看到主体对客体的控制，忽视了客体对主体的反作用。虽然恩格斯所处时代的自然科学发展水平远远落后于现在，甚至爱因斯坦都评价恩格斯的自然辩证法缺乏趣味，但正是这种不断变化的、整体的、普遍联系的辩证思维方式为自然科学的不断进步和人类文明形态的不断革新提供了世界观和方法论指导。

四　自然辩证法是现代系统论、环境伦理学派的前驱

自然辩证法是现代系统论的前驱。在现代化进程中，人类活动对自然界的过度干预远远超出了自然界的自我调控能力，达到了生态阈值，造成了生态系统紊乱。大量的化石能源、矿产资源在短时间内被开采利用，远远超过了它们的更新速度，向自然界排放的二氧化碳也超过了绿色植被的光合作用能力，引发了资源短缺、全球气候变暖、沙漠化等一系列连锁反应。

近代人类中心主义随着生产力的巨大进步而形成，人类掀起征服自

---

① 《马克思恩格斯文集》第3卷，人民出版社1995年版，第351页。
② 《马克思恩格斯文集》第9卷，人民出版社2009年版，第418页。
③ 《马克思恩格斯文集》第9卷，人民出版社2009年版，第415页。

然、支配自然的浪潮，人类利益被摆在了至高无上的地位，割裂了人与自然的整体性关系，造成了人与自然的对立。自然辩证法正是基于对自然界普遍联系规律的阐发，把人与自然看成一个整体，实现了对近代人类中心主义的扬弃，进而与环境伦理学中的整体主义关联密切。

环境伦理学认为，自然界是一个自组织系统，通过各个部分的协调作用保持在微妙的平衡之中，忽视自然界内在价值必然造成生态失衡，最终其工具价值也得不到保障。人类置身于自然界中，应对整个自然界担负起责任，"把非人类的生命和自然界纳入道德考虑，承认它们的道德地位"[1]。利奥波德的大地伦理学、罗尔斯顿的自然价值论、奈斯的深层生态学等理论都提出了生态整体主义思想。"生态整体主义的基本立场认为，自然生态作为一种整体性的存在，在本体的意义上具有价值的优先性。"[2] 整体由部分组成，但是又具有部分所不具备的属性，只有整体和谐，部分才能各安其位。自然界任何部分的变动都会对整体产生影响，人类作为自然界的一部分，无法置身事外，只有与自然和谐相处才能行稳致远。

第二节　从环境、生态意识向生态价值观念的升华

一　生态文明意识、发展观的产生和发展

"人来每问农桑事，考证床头种树篇"[3]，考证即考据。通过在中国知网《中国期刊全文数据库》一栏对"生态文明"概念进行检索，我们发现，1985 年 2 月 18 日，在《光明日报》刊发的《在成熟社会主义条件下培养个人生态文明的途径》一文中，首次出现"生态文明"一词。这也许就是中国报刊出现"生态文明"概念的发端。1987 年，叶谦吉[4]在全国生态农业问题讨论会上提出应该"大力建设生态文明"，并于同年 4 月 23 日在《中国环境报》发表了《真正的文明时代才刚刚起步——叶谦吉教授呼吁开展生态文明建设》。此后，渐有国内的学者、相关专家在有关论文中提

---

① 余谋昌：《环境哲学：生态文明的理论基础》，中国环境科学出版社 2010 年版，第 144 页。
② 薛勇民、陆强：《自然辩证法中的生态整体主义意蕴》，《教学与研究》2014 年第 5 期。
③ 刘因：《夏日饮山亭》，上海古籍出版社 1979 年版。
④ 叶谦吉，1909 年生，江苏无锡人。1933 年金陵大学农学院毕业，1938 年美国康奈尔大学研究生院农业经济系毕业。著有《生态农业——我国农业的一次绿色革命》《英汉农业经济辞典》等。

及"生态文明"。

20 世纪 90 年代中后期，"生态文明"词语出现的频率明显增加，并出现在政府的工作会议上。如 1999 年 4 月，时任国务院副总理的温家宝同志在全国绿化委员会第十八次全体会议上所做的《巩固成果加快发展，提高国土绿化水平》报告中，首次提出了"21 世纪将是一个生态文明的世纪"重要命题。

此后，有较大突破意义的，是由国内 16 位著名法理学家合作编写的普通高等教育"十五"国家级规划教材暨教育部面向 21 世纪课程教材《法理学》，在 2003 年修订后的第二版中增加了一章"法与生态文明"。法理学家在教材中明确指出，"生态文明需要法律确认和保护"。

党的十七大首次将"生态文明"写入党代会报告。这是继党的十二大至十五大强调"建设社会主义物质文明、精神文明"，党的十六大在此基础上提出"建设社会主义政治文明"之后，党代会政治报告首次提出"建设生态文明"。"生态文明"写入党代会报告，标志着生态文明由"词语"及其"理论"向"发展观"——"生态文明观"和"科学发展观"全面转变，成为时代的转折，历史性的转变。

党的十八大以来，以习近平同志为核心的党中央高度重视生态文明建设，提出了一系列新理念、新思想、新战略，深刻回答了什么是生态文明、为什么建设生态文明、怎样建设生态文明的重大理论和实践问题，形成了习近平生态文明思想，推动我国生态环境保护发生了历史性、转折性、全局性变化。

习近平生态文明思想适应走向社会主义生态文明新时代新的历史发展，向前发展了马克思主义传统生态思想，为马克思主义补充了新原则；开辟了马克思主义人与自然观新的理论和实践境界，为作为人类社会崭新文明形态的生态文明建设首次确立科学的世界观、价值观、实践论和方法论；以马克思主义生态文明学说为人类特别是社会主义生态文明建设道路、理论体系和制度建设提供了根本遵循，是标志中华民族伟大复兴美丽中国梦的重要旗帜。其中，中华民族优秀的生态智慧是习近平生态文明思想对马克思主义生态文明学说做出历史贡献的活水源头；马克思恩格斯关于人类历史与自然史交融互进的一般规律是习近平生态文明思想对马克思主义生态文明学说做出历史贡献的理论基础；当代中国五位一体社会主义建设事业的伟大实践、生态资源环境存在的严峻形势和治理经验是习近平生态文明思想对马克思主义生态文明学说做出历史性贡献的实践基础。

二　传承和发展中华优秀传统生态文化①

中华文明历史悠久，中华文化源远流长、博大精深，其中所蕴含的生态文化渗透在各学科、各领域，贯穿在经济、政治、社会实践等方方面面。习近平总书记尤其热爱中华优秀传统文化。他说，中华民族在几千年历史中创造和延续的中华优秀传统文化，是中华民族的根和魂。② 生生不息的传统文化，不仅仅是中华民族的精神内核，还对解决全球生态环境问题具有极高的启示。自古以来，中国就是一个传统的农业社会，为了适应自己独有的地理环境，需要精耕细作的中国古人对自然规律的认知和理解更加深刻与广泛，他们对天文、历法、气候、水文等的认识也很深刻，这也有助于人们在更深层次中认识到人与自然的关系。生态智慧由此而生并不断发展。这种来源于实践又反过来指导实践活动的生态智慧包含有中华传统文化的先进内容，又具有极高的科学内容，使得古代中国科学技术走在世界前沿。中国优秀传统文化中所孕育的生态智慧与生态哲学，即是中国古人对人与自然关系的认知与理解，是长期总结自然规律的经验积累。

纵观中华文化的主流精神，是儒释道三家。在它们的共同作用下，中华民族形成了自己独特的文化体系，那就是"中""和""容"，即中庸之中、和谐之和、包容之容。它们包含的崇尚自然的精神风骨、包罗万象的广阔胸怀成为中华生态文明立足于世界的坚实基础。天人合一既是中华传统文化的主体，又是中华生态文明的特质。老子说："人法地，地法天，天法道，道法自然。"庄子说："天地者，万物之父母也。"《易经》强调三才之道，将天、地、人并立起来，天道曰阴阳，地道曰柔刚，人道曰仁义。相较于老庄天人观，儒家则介于二者之间，对自然和人为加以调和，其主张可谓中道。孔子说："天何言哉？四时行焉，百物生焉。"《礼记》说："诚者，天之道也；诚之者，人之道也"，认为人只要发扬"诚"的德性，即可与天一致。汉儒董仲舒则明确提出："天人之际，合而为一。"这既成为两千年来儒家思想的一个重要命题，又确立了中国哲学和中华传统的主流精神，显示出中国人特有的宇宙观和中国人独特的价值追求和思考问题、处理问题的特有方法，这或可谓之"中国性"。

在儒家那里，天人合一主要有两个向度：其一，由个体而达成的与天

---

① 参见黄承梁《传承与复兴：论中国梦与生态文明建设》，《东岳论丛》2014 年第 9 期。

② 习近平：《在庆祝澳门回归祖国 15 周年大会暨澳门特别行政区第四届政府就职典礼上的讲话》（2014 年 12 月 20 日），载《习近平关于社会主义文化建设论述摘编》，中央文献出版社 2017 年版。

合一，它指每一个生命个体都可以通过自身德性修养、践履而上契天道，进而实现"上下与天地同流"或"与天地合其德"的天人合一；其二，天人合一是指人类群体与自然界和谐共处，它指天是人类生命的最终根源和最后归宿，人要顺天、应天、法天、效天，最终参天。① 这是生态文明的中华智慧。党的十八大要求建设美丽中国，树立尊重自然、顺应自然、保护自然的生态文明理念，生态文明的基本内涵始终以中华民族深厚的文化积淀和历史智慧为底蕴。

需要特别指出，天人合一是中国哲学的基本精神，也是中国哲学异于西方的最显著的特征。对此，近代大儒、哲学家冯友兰先生指出，西方人本质上是宗教的，中国人本质上是哲学的。② 西方文明传统是人类中心主义。在人与自然的价值关系中，人类中心主义认为只有拥有意识的人类才是主体，自然是客体。价值评价的尺度必须掌握和始终掌握在人类的手中，任何时候说到"价值"都是指"对于人的意义"，人类可以为满足自己的任何需要而毁坏或灭绝任何自然存在物。相反，中华传统文化主张"赞天地之化育""与天地参""天地与我并生，而万物与我为一"的天人合一观。中国梦强调对中华民族5000多年悠久文明的历史传承，这种理念终将促使当代中国和世界生态文明建设向中华传统生态文明思想的复归，并使我们能够率先反思并超越自文艺复兴以来就主导人类的工业文明，成为生态文明的引领者。

进入新时代，必须实现中华传统生态智慧在21世纪的传承和发扬光大。③"生态文明"是中国共产党对人类文明的原创性贡献，是我们在学科体系、学术体系和话语体系上的中国原创和中国表达，是中国人民关于人与自然关系的创造性表达。溯本追源，在20世纪八九十年代我国个别学者有过关于"生态文明"的零星片语式的表述，但根本标志在于2007年召开的党的十七大首次将"生态文明"写入党代会报告，2012年召开的党的十八大将"生态文明"纳入中国特色社会主义"五位一体"总体布局，2018年5月全国生态环境保护大会正式提出和确立"习近平生态文明思想"，党的二十大提出人与自然和谐共生的现代化是中国式现代化的重要特征。

新时代的生态文明，已经赋予人类继原始文明、农业文明、工业文明

---

① 颜炳罡：《天人合一与生态文明》，《齐鲁晚报》2013年4月9日。

② 冯友兰：《中国哲学简史》，北京大学出版社1985年版。

③ 参见黄承梁《百年中国共产党生态文明建设的历史逻辑和哲学品格》，《哲学研究》2022年第4期。

之后的文明新形态，是中国特色社会主义文明要素继物质文明、精神文明、政治文明、社会文明之后全新的关于建设人与自然和谐共生现代化的"定语"式文明形态。它之所以成为中华民族从情感上、心理上、理论上、实践上高度认同、高度一致的构建天地人一体的方法论、认识论和实践论，归根结底，是因为契合了中华文明深厚的生态根基和生态基因，契合了马克思主义人与自然关系学说、马克思主义自然辩证法。习近平总书记在庆祝中国共产党成立 100 周年大会上的讲话中强调，马克思主义基本原理同中国实际相结合、同中华传统文化相结合的"两个结合"，可以说，"生态文明"高度体现了"两个结合"的内在逻辑一致性。生态文明所内含的高度的包容性、生态性、系统性、辩证性、稳定性、继承性、发展性、民族性和世界性，在人类文明史和思想史上是罕见的。

我们建设生态文明，全面建设社会主义，做全球生态文明建设的参与者、贡献者和引领者，就必须意识到，越是民族的，越是世界的。中国倡导的生态文明，承传中华文化和文明的命脉，必须牢牢扎在优秀深厚的中华文化土壤中，走传统与现代统一之路。中华民族 5000 多年生生不息，既是生态文明根植的土壤，又为今天确立社会主义生态文明价值观提供了最宝贵、不可复制的思想财富。我们建立自己的生态文明观，将马克思主义的生态观、中国传统文化中的生态观相结合，将从根本上形成我们自己的学科体系、学术体系和话语体系。特别是在学科层面上，生态文化作为生态文明价值取向中人性与自然的交融，是最本质、最灵动、最具亲和力的文化形态，作为生态文明时代的主流文化，开拓了人文美与自然美相融合、人文关怀与生态关怀相统一的人类审美视野，能够倡导勤俭节约、绿色低碳、文明健康的生产生活方式和消费模式，唤起民众向上向善的生态文化自信与自觉，具有十分重要的时代价值。要改变传统西方哲学主客二分理念，在更高层次上发挥中国哲学社会科学应有的指导意义与价值，在社会主义生态文明观的总体指导下完成新学科的建设和新时代生态文明复合型人才的培养。必须树立全民生态文化意识，加强生态文化建设，包括生态道德、生态教育、生态哲学、生态美学、生态宗教等文化建设，补生态道德文化课。

三　新时代培育和发展生态文化要处理好的十大关系①

现时代，培育和发展生态文化，要着力处理好十大关系。

---

① 参见黄承梁《培育和发展生态文化要处理好若干关系》，《绿叶》2020 年第 6 期。

一是要处理好人文文化与生态文化的关系。正如前文所述，只要有人的历史，就会有文化。这个文化可以是庸俗文化，也可以是高雅文化。但是文明社会昌明，是积极和进步的。从联系的观点看，文化和文明都是人类创造的成果，文化作为人类的生存方式，它是基本的，是人类达到文明社会的手段。我们今天建设生态文明，应该从人类更加深远的历史范畴来看生态文化。比如说，人类的文明经历了原始文明、农业文明、工业文明，现在正走向生态文明，人类文化也要从原始文化、农耕文化、工业文化走向生态文化。在远古时代，人类最早的文化是自然文化，人的生活同动物一样服从生态规律，完全受自然条件的制约，具有更多的"自然性"；在古代社会，人类文化是人文文化。它的重要特点是重视自然的同时，重视人伦和人事，比如孔子主张"重人事"而远"天道"，孟子提倡"济天下"，要求修身、齐家、治国、平天下，这使得中国人文文化达到当时世界最高成就；近300年来，人类文化是科学文化、工业文化；现在人类社会正在经历一次伟大的根本性变革，即从工业文化到生态文化。我们今天谈培育、发展和繁荣生态文化，也要赋予生态文化深远的历史内涵、深邃的发展内涵。

二是要处理好广义生态文化和狭义生态文化的关系。广义来讲，人类社会凡是一切涉及生产制度，涉及人的生存方式、发展方式等一切行为产生的一切物质和精神财富，都可以称为文化。如上所述，人类文化是历史地、动态地发展着的。西汉刘向在《说苑·指武篇》中说，"圣人之治天下，先文德而后武力。凡武之兴，为不服也；文化不改，然后加诛"。可以说，凡是"文德教化"，都可以称为文化。我们现在建设生态文化，从广义范畴作各种各样的理解都不为过。但从具体执行、探求培育和发展生态文化的抓手视角来看，不妨从狭义角度理解。要处理好广义和狭义的关系，否则仍然是"眉毛胡子一把抓"，不利于生态文化的发展。一个基本的阐释视角，笔者理解，还是要从社会主义文明形态"五位一体"（即物质文明、政治文明、精神文明、社会文明和生态文明）对应的视角，形成与社会主义经济建设、政治建设、文化建设、社会建设和生态文明建设相匹配、相一致的生态文化。

三是要处理好工业文化和生态文化的关系。工业化大生产极大地丰富和拓展了物质资源，满足了人民过"好日子"的欲望，兴起了高消费的浪潮，被称为"消费生活革命"。特别是商品生产过剩、物质资源极大丰富，生产企业、商业企业和广告企业为推动消费，形成了经济学家凡勃伦所称的"炫耀性消费"主义。在这里，人们购物不仅不考虑节约的问题，还追求高档商品，为能买进名牌货而工作；以购买昂贵商品、奢侈挥霍、高支付能力体现所谓的尊严，体现阔气和声望。可以说，整个工业化大生产就像一台紧绷着弦的大机器，无视自然的生态承载力，日复一日地在生产和消费中刺激生产、消费、再生产，丝毫不敢也不能停下。工业文化"巧取豪夺""随心而取"，对自然索取的能力随着社会经济和技术的发展越来越强，数量越来越大，种类越来越多；相应地，向自然排放的数量越来越大，物质成分越来越复杂，有毒有害且难以分解的物质越来越多。因而，它是"反自然"的。我们今天建设生态文明，倡导生态文化，既要补上工业文明的课，又要实现人与自然和谐的现代化，必须探求工业文化和生态文化的动态平衡。

四是要处理好文化价值和自然价值的关系。长期以来，人类在以对抗自然的方式实现自己的生存过程中，以损害资源和环境为代价发展经济，以损害自然价值的形式实现文化价值，从而体现出人与自然、文化价值与自然价值尖锐的矛盾、对立和冲突。人们认为，只有人有价值，自然界是没有价值的，因而也只对人讲道德。习近平总书记提出"绿水青山就是金山银山"，从文化和环境伦理的视角看，最重大的理论创新价值在于承认和尊重"自然价值"，以"自然价值"概念为基础重新构建人类的文化。

五是要处理好"软文化"和"硬文化"的关系。"软文化"是指社会普遍认同并遵循的价值观念与行为准则。比如，中华传统文化中，儒家讲"天人合一"，道家讲"道法自然"，佛家讲"众生平等"。他们最为显著的共同特征，就是人类能够"与天地参"，能够实现"上下与天地同流"或"与天地合其德"。比如，老子"道"的思想更加强调道法自然、尊崇自然，强调"反（返）者，道之动"，注重维护生态平衡。这些中华传统文化中最宝贵的生态智慧，都十分有利于可持续发展，有利于我们今天培育生态文化。一种文化要形成对全社会的普遍约束，就要有硬的约束机制，形成"硬文化"。我们今天建设的生态文明和生态文化是新生事物，工业文明和工业文化的传统惯性还很大，需要我们在制定新的政策时，统筹二者之间的关系。比如，近年来出现过一些过度损害自然资产而使资源消耗损及公众利益的事情，但我国刑法一般将"故意毁坏财物罪"界定为损害他人的公私财物，而对损坏自然财产的行为目前难以定性。因此，建设生态文化，不仅要有"软文化"的浸润，也要有"硬文化"的约束，这两者都还有很大的发展空间。

六是要处理好理论与实践的关系。马克思有一句名言："理论一经掌握群众，也会变成物质力量。"他说，理论只要说服人，就能掌握群众；

而理论只要彻底，就能说服人。所谓彻底，就是抓住事物的根本。这两句话究其实质，前者是讲理论不能代替实践，后者是理论对实践要有指导作用。毛泽东同志也指出："马克思主义经典作家之所以能够做出他们的理论，除了他们的天才条件之外，主要是他们亲自参加了当时的阶级斗争和科学实验的实践，没有这后一个条件，任何天才也是不能成功的。"[①] 在现代信息社会和互联网时代，一些人以为"秀才不出门，全知天下事"，但确实出现了毛泽东同志在《实践论》中所称的"知识里手"——有了道听途说的一知半解，便自封为"天下第一"。跑到一个地方，不问环境的情况，不看事情的全体，也不触到事情的本质，就自以为是地发号施令起来。必须坚持"没有调查就没有发言权"，统筹好理论和实践的关系。

七是处理好"官本"与"民本"的关系。党的十八大以来，我们党充分发挥党的领导和我国社会主义制度能够集中力量办大事的政治优势，加大力度推进生态文明建设、解决生态环境问题，中央环境保护督察制度，党政同责、一岗双责，党政领导干部生态环境损害责任追究制度全面推进和全面实施。但也要看到，一些地方、行业和部门为应对"政治责任"风险，采取了不分青红皂白"一刀切"这种方法简单、态度粗暴的方式，影响了生态文明建设的实际成效。另外，建设生态文明要成为全社会的自觉行动。要倡导坚持全民行动，在推动形成"生态文明，匹夫有责"的动力机制上下功夫，让全民行动起来，既要享受生态权，也要承担生态责任。一手要抓党政同责、一岗双责，发挥党和政府的领导力、引导力，一手要推动社会文明整体进步，再也不能让14亿多人民做旁观者。这两手都要硬，两手都要统筹起来。

八是处理好从娃娃抓起和从成人抓起的关系。邓小平同志有一句名言："从娃娃抓起。"他提出"计算机普及要从娃娃抓起"，也提出"足球要从娃娃抓起"。娃娃是祖国的未来，我们的未来终究也是娃娃们的。生态文化建设从娃娃抓起，从娃娃培养，就是让生态理念入心入脑，播撒生态文明知识的种子，让其生根发芽开花，将来生态文明建设就大有希望。但现在一个十分突出的问题是，教育娃娃的大人却不遵守"自然法则"。比如，近年屡屡曝光的"五一""国庆"假期汹涌人潮退却后成为清洁工噩梦的遍地垃圾的景区，高速路沿线、服务区垃圾遍地等现象；又如中国快递业，特别是双庆日高潮后最触目惊心的胶带、塑料袋和塑料填充物等"白色污染"问题，同样成为影响人民群众奔向美好生

---

① 《毛泽东选集》第1卷，人民出版社1991年版，第287页。

态环境道路上的绊脚石。我们不能言行不一，使保护环境沦为美丽的"童话"。

九是处理好"以邻为壑""邻避效应"和"公地悲剧"的关系。"以邻为壑"出自《孟子·告子章句下》，原意指将邻国当作沟坑，把本国的洪水排泄到那里去，后比喻把困难或灾祸推给别人。在现代社会，"以邻为壑"演绎出不甘承受"以我为壑"另一个版本——"邻避效应"，并于近年演化为普遍的社会现象。"公地悲剧"是一种涉及个人利益与公共利益对资源分配有所冲突的社会陷阱，指有限的资源注定因每一个个体都企求扩大自身可使用的资源而不受限、无节制地使用、占有而最终损害所有人利益的现象。笔者在近年的一次调研中，意外地发现一个现象，在一定区域范围内，诸如所谓不打药"有机"果类、蔬菜品是不可能的。这是因为，一旦一家农户不打药，虫子、鸟儿等就会从相邻已经打药的农户那里"投奔"而来，把不喷洒农药的果蔬全吃光，轮不到人吃。不打药的农户只能被动打药，最终导致该区域整片打药，深陷"公地悲剧"。

十是处理好中华文化与外来文化的关系。我们现在经常讲中华文化优秀的生态智慧，其中"天人合一""仁民爱物""民胞物与"等内涵深刻的生态思想是中华文明的瑰宝，是中华民族坚持人与自然和谐、建设生态文明、实现美丽中国的文化基因。但也要看到，当前很多生态文明会议，一些部门和单位奢侈浪费，违背了生态文明的本义，令人无所适从。在"人类命运共同体"理念指引下，如何能够使传统中华文化与外来文化交互融合，发挥对中国乃至世界生态文明建设的启发和指导意义，实现绿色发展共荣，打造生态文明也是我们需要重点突破的问题。

第三节　建立健全生态文化体系[①]

一　自然优先于人类存在，人类来源于自然，人类必须尊重自然

工业文明强调人定胜天，认为只有人有价值，无视自然界和人以外的其他生命，发展了否认自然价值的科学和哲学。康德提出了"人是目的""人是自然界的最高立法者"等适应工业文明的哲学观。事实上，地球是

---

① 黄承梁：《把握人类命运共同体理念的生态智慧》，《辽宁日报》2020 年 3 月 31 日。

目前宇宙中已知存在生命的唯一天体，迄今已经有 46 亿年的历史。在地球产生后的数十亿年里，它没有价值，难道仅仅在拥有了五千年的人类文明后，尤其是在只有三百年历史的工业文明出现后，它的真正价值才被旁证吗？大诗人李白说："天不言而四时行，地不语而百物生。"这都说明天地运行是不以人的主观意志为转移的客观存在。

自然界是受规律支配的，正所谓"生生之谓易"。万物自有规律，孕育万物的自然同样如此，脱胎于自然之中的人类必须要遵守它的法则。在法则之下，自然依照自己的模式存续和发展，人类也在遵守法则的过程中感受到了自然恢宏的、别样的、丰富的美。在中国传统文化中，"日新之谓盛德，生生之谓易"，"易以道阴阳"，"是故，易有太极，是生两仪，两仪生四象，四象生八卦"。生生不息、循环往复、革故鼎新是天地万物产生的本源和运行的规律。人类必须将人的活动同遵循自然规律、维护整个"生"的系统联系起来；尽最大可能取之有时，用之有度。如我国古代先人很早就认识到尊重自然规律的重要性，像《周易·恒卦》中就曾记载："日月得天而能久照，四时变化而能久成"；孟子有言："不违农时，谷不可胜食也；数罟不入洿池，鱼鳖不可胜食也；斧斤以时入山林，材木不可胜用也。"在理论之外，古代官府也专门制定了奖惩制度来鞭策人们遵守自然规律，如山林川泽虞衡保护制度。

以古观今，我们今天肆无忌惮、无所敬畏、滥食滥用、暴殄天物而又企图不受任何道义谴责和法律惩处，仅凭此一点，人类所谓的文明进步是要打上问号的。海德格尔在《论人类中心论的信》中指出："人不是存在者的主宰，人是存在的看护者。"必须顺应自然，心存敬畏之心，要尽最大可能维护和保护地球生物系统多样性。

二　深刻认识尊重自然、顺应自然、保护自然的生生不息的生命哲学和生态智慧

蔑视辩证法最终是要受惩罚的。人类必须要保护自然，保护自然就是保护自己。1962 年，美国生物学家蕾切尔·卡逊在其著作《寂静的春天》里写道，"控制自然这个词是一个妄自尊大的想象产物……这样一门如此原始的科学已经被现代化，被最可怕的化学武器武装起来了。这些武器在被用来对付昆虫之余，已转过来威胁着我们的整个大地了。这是我们的巨大不幸"。工业文明总以为一物能够降一物，以一种设备消灭另一种所谓"被污染"的设备，最终造成了更大的污染。恩格斯就此指出，人类对自然界的胜利，"起初确实取得了我们预期的结果，但是往后和再往后却发

生完全不同的、出乎预料的影响，常常把最初的结果又消除了"①。2019年末、2020年初，澳大利亚持续数月、燃烧面积达到2019年巴西亚马孙河森林大火两倍的野火，造成澳洲数百万公顷林区被烧毁，数十亿只野生动物丧生。特别是已向空气排放约4亿吨二氧化碳，这一数字已超出全世界116个二氧化碳消耗量最少国家年消耗量的总和，使近年来世界各国为减排所做的一切努力大打折扣。

事实上，人类也是在按照生物学而非生态学理念将地球上一些动物杀光、吃光的，并且是理所当然、心安理得的。人类借助各种生产活动和生活方式，将自然系统、社会和经济系统串联在一起，共同糅合成巨大的人类社会生态系统。这个巨大的复合生态系统要想维持平衡状态，长久且往复地循环下去，需要作为齿轮的各个小系统能够严丝合缝、彼此契合，使进项和出项保持在平衡点。生物多样性减少，大自然平衡就会受到损害。自然不仅是人类生存的家园，还是一切生命体共有的家园，只有与自然环境和谐统一、统筹共生，人类才能拥有更广阔的发展空间、更美好的生存环境。我们相信，把一切生物推向无处逢生的绝境，人类也是在自掘坟墓。大量实证无不印证一个道理：人类必须尊重自然、遵守自然规律，一旦违背自然法则，妄想超越自然、征服自然，那么人类一定会自食恶果，受到大自然的疯狂惩罚。

三　深刻认识绿水青山就是金山银山等系列科学论断
所蕴含的生物多样性内涵

习近平总书记指出，绿水青山就是金山银山。绿水青山既是自然财富、生态财富，又是社会财富、经济财富。保护生态环境就是保护自然价值和增值自然资本。他同时指出，山水林田湖是一个生命共同体。人的命脉在田，田的命脉在水，水的命脉在山，山的命脉在土，土的命脉在树。这些重大科学论断和论述从更深层次上体现出绿水青山的两个生态学属性，一是作为生态资本和自然财富的表现；二是使生态系统维持平衡，这即是，绿水青山、山水林田湖蕴含着丰富的生物多样性内涵，体现出生物区域共存共生思想。

在这里，一方面，人类是一个与自然、与生态系统并存的，并且与自然秩序相依存的群体，人类在生物共生共存区域的作用就在于支持生物区域的多样性，以及尊重、维持其活动。另一方面，受制受限于工业文明

---

① 《马克思恩格斯选集》第4卷，人民出版社1995年版，第383页。

"物质第一"的强大惯性，在生态文明理论界和实践中，我们过于强调绿水青山的青山、绿水、天蓝、地碧的一面，也过于强调绿水青山实现和转化为金山银山、创造物质财富的一面，而鲜有研究其作为一切生命共同体依存性的一面。必须深化习近平"绿水青山就是金山银山""山水林田湖是一个生命共同体"等重大科学论断与生物多样性的内在逻辑一致，强化包括禁食野生动物立法机制研究，建立全面、长效的维护生物多样性法律机制，为维护生态系统平衡提供制度机制保障。

与此同时，必须深刻认识到绿色生活方式是做文明生态人、形成高尚道德情操、体现人之所以为人的战略导向。满足人的衣食住行是人生存和发展的基本条件。但这不等于奢侈浪费、离奇消费，特别是现代社会光怪陆离、令人眼花缭乱的消费。工业革命后，工业化进程不断加快，这虽然满足了人们种类繁多的需求，但也导致人们的消费逐渐偏离本质，向不健康的异化消费、过度消费转变。生态危机的到来，使人们暴露于环境污染、生态系统失衡带来的威胁之下。新冠肺炎疫情以及更广范围、更长时间内出现的全球生态危机再次揭示，以损害其他生命和自然界存在形式满足异化消费的自我存在，伐尽森林、耗尽矿藏、污染空气、污染水源，破坏生命栖息地，到头来还是在破坏自己的生存条件，是搬起石头砸自己的脚。

我们必须十分谦恭地认识到，地球之所以是最适合孕育和哺育生命的星球，是因为自然生态系统中万物的存在和调和。如果地球只剩下人类这一类物种，而失去了像动植物一样的其他生命，那么人类必将走向灭亡。这不是危言耸听，而是我们必须正视，也必须接受的事实。当前，环境出了问题，社会公众以嬉笑怒骂调侃生态环境部门不作为的现象并不少见，对他人要求是环保主义，对自己是放任、享乐主义，很少自我反省如何改变自己的生活方式。这不是生态文明社会公民的基本素养和一种充满正能量的绿色文化。恩格斯指出："我们对自然界的全部统治力量，就在于我们比其他一切生物强，能够认识和正确运用自然规律。"① 我们要真正做到比其他一切生物强，才能生而为人，体现人的道德和文明水准。

---

① 《马克思恩格斯选集》第 4 卷，人民出版社 1995 年版，第 384 页。

第四章　科学·技术·产业：加快构建生态经济体系

　　把生态文明建设融入经济、政治、文化和社会诸建设中，是党的十八大以来，不断深化和巩固涵盖生态文明建设在内的中国特色社会主义"五位一体"建设事业总布局的既定战略，也是建设生态文明的重要实践路径。这其中，"融入"是活的灵魂，体现了生态文明建设与经济社会发展的同步战略，更内在地蕴含了生态优先、保护优先战略理念。经济建设是一国发展之基。生态文明建设如何融入经济建设，怎样加快构建生态经济体系，需要从战略层面给予足够深入的认识。在这里，党中央关于生态文明建设融入经济建设，以供给侧结构性改革为主线，以新发展理念为指引，特别是党的二十大关于建设人与自然和谐共生的现代化的一系列治国理政新理念新思想新战略，为新时代加快构建生态经济体系提供了根本战略指引。与此同时，钱学森产业革命理论，对当代中国发展生态经济，构筑生态文明建设的经济基础，提供了基础理论研究的重大视角，提供了构建生态经济体系恢宏的产业革命视角。

第一节　生态文明融入经济建设的战略考量与路径选择①

一　正确处理环境保护与经济社会发展的关系

　　当前我国环境保护形势严峻、生态系统自我修复功能退化和重点产业

---

①　参见黄承梁《论生态文明融入经济建设的战略考量与路径选择》，《自然辩证法研究》2017 年第 1 期。

资源濒临枯竭等一系列影响和制约经济社会可持续发展的突出的环境、生态和资源问题，其原因，首当其冲，与长期以来我们在实践中并没有正确处理好环境保护和经济社会发展之间的关系有关，也与没有把以经济建设为中心的社会主义初级阶段基本任务与环境保护作为写入我国宪法的一项基本国策统筹起来有关。在实践中，我们一度采取了"先上车、后补票""先污染、后治理""边污染、边治理""只污染、不治理"的错误做法。因而，传统工业，特别是重化工业，是在"挖煤—修路—水泥—钢材—发电—缺电—再挖煤—再制造"的怪圈中发展和壮大起来的。高耗能、高污染、高投入、低效益、低附加的"三高两低"项目，如发电厂、煤炭加工厂、采矿业、钢铁业、水泥厂一度成为国民经济的支柱产业，甚至在某些地方，成为国民经济和财政收入的绝对来源，同时还是安置和解决地方就业群体最大的容纳场所。在经济发展与环境保护的关系上，我们一度为了经济利益而过度甚至是滥用了自然资源；而一强调环境保护，又将其与经济建设对立起来，使经济社会发展反复出现"一抓就死""一放就乱"的传统弊病。

经济社会发展进入新常态后，产能过剩问题依然十分突出，节能减排任务也异常艰巨，调结构、转方式的转型之路充满阵痛，社会负担格外沉重；能源资源过度开采、粗放利用、对外依存度高等问题依然十分突出；耕地减少、水土流失、土壤荒漠化等问题依然存在；水土污染、大气污染、生产生活垃圾污染等与人民群众的日常生活密切相关的问题依然亟待解决……诚然，经济社会发展必须依赖自然资源，二者在某种程度上是一种需求与供给的关系。然而，当"需求和供给之间的和谐，竟变成二者的两极对立"时，我们就必须重新审视经济社会发展与环境保护两者的内在关系。

习近平总书记深刻指出："经济发展不应是对资源和生态环境的竭泽而渔，生态环境保护也不应是舍弃经济发展的缘木求鱼。"[1] 我们必须将正确处理经济发展与环境保护两者的内在关系作为检验生产力成败的重要试金石，将经济发展方式转变，作为当前和今后一个时期我国经济发展的重要任务。

首先，大力推进产能过剩行业的淘汰和转型。我国传统工业产业的突出问题就是高耗能、高污染，发展规模小、产品附加值低、可持续性差（但也不能因此倒推并一概否定传统工业产业的历史价值。相反，我国相

---

① 《习近平关于社会主义生态文明建设论述摘编》，中央文献出版社 2017 年版，第 19 页。

当一批传统工业产业，在由传统制造走向先进制造的过程中，本身孕育了绿色技术的新变革）。必须以壮士断腕的态度坚决予以淘汰，特别是结合供给侧结构性改革，大力推进产业结构调整。

其次，必须以凤凰涅槃、腾笼换鸟的姿态，大力推进创新驱动发展。坚持创新、协调、绿色、开放和共享的新发展理念，创新在首。生态文明是继原始文明、农业文明和工业文明之后人类社会崭新的社会形态，既是工业文明发展到一定阶段的产物，也是不以人的意志为转移的客观存在和历史趋势。支配和决定这一历史趋势的根本性变革力量，如同铁器于农业文明、蒸汽机于工业文明一样，是生产工具和生产技术的历史性变革所推动和形成的新的生产力和生产关系相互作用的结果。因而，建设生态文明，建立一种资源节约型、环境友好型、高效收益型的生产发展模式，生态、绿色技术的创新驱动将起到决定性的作用。通过生态和绿色技术的创新，大幅度提高资源利用率，减少单位产品的能源消耗，进而实现"资源产出率"的最大化。从微观角度看，科学技术的创新可以有效控制污染物的排放，降低降解污染物的成本，在保证不对生态环境造成污染和破坏的前提下，回收、利用污染物，最大限度地减少排放、增加利润；科学技术的创新还可以促进新能源的开发和利用，替代传统的不可再生能源，既减少了因资源开采而带来的生态破坏，也减少了传统能源利用后的污染排放，并最终促进经济结构和发展方式的转变。

二　进一步解放和发展"生态生产力"

生产力是人（劳动者）使用生产工具（劳动资料）进行生产过程（作用于劳动对象）、创造物质财富的能力。生产力决定的是人与人之间结成的生产关系的性质，体现为自然和人的相互作用。马克思唯物主义认为，物质生产是人类社会存在和发展的前提。自然界不仅是劳动者（人）的生命力、劳动力、创造力的最终源泉，而且是"一切劳动资料和劳动对象的第一源泉"；从其所具有的经济属性上来说，人类所依赖的外界自然可分为生活资料（如肥沃的土壤，渔产丰富的水体）和劳动资料（如瀑布、河流、森林、金属、煤炭等）两大类。这其中，作为第一类生活资料的土地，就是一种基础的自然资源，是人类生产和生活所需的最基本的物质资料。因为"土地（在经济学上也包括水）最初以食物，现成的生活资料供给人类，它未经人的协助，就作为人类劳动的一般对象而存在。所有那些通过劳动只是同土地脱离直接联系的东西，都是天然存在的劳动对象"①。对于第二类自然资源，马克思指出："在较高的发展阶段，第二类自然富源具有决定的意义。"②

现时代，我国虽然已经长时间处于马克思所说的"较高的发展阶段"，但是在现阶段具有决定性以及战略意义的第二类自然资源不仅不像过去那样丰富，既没有继续为当前高速发展的人类经济社会发展提供足够自然资源的延续力，而且相反，由于人类对生态系统的整体性破坏，以及与之相伴随的自然生态环境的严重恶化，致使第二类富源资源对经济社会可持续发展的制约性、约束性效力越来越明显，也成为影响和推动国际经济政治格局再调整的潜在要素。当前，我国生态环境的形势愈发严峻，改革开放四十多年来超高速发展积累出来的环境问题具有明显的压缩性和复合性特征，旧的环境问题还没来得及解决，另一些新的环境问题又接着出现。这种新辙压旧痕式的生态环境特征，使生态环境问题，由单一的经济发展过程中的生态问题，成为严重的社会问题、重大的政治问题，使经济社会发展整体效益同样呈现出几何模式的负增长效应。因而，如何解决当前社会发展的综合性生态环境问题，恐怕已经不是单纯地讲"先污染、后治理""边治理、边发展"或者一边强调发展经济、一边强调环境保护的问题，而是要将环境保护问题放在更宽广的历史视野、唯物史观视野来看待。

据此，要将进一步解放和发展生产力与加强生态文明建设紧密结合起来，按照系统工程的思路，坚持发展理念，走新发展道路。这就是习近平总书记反复强调的，保护生态环境，就是保护生产力；改善生态环境，就是发展生产力。邓小平同志过去讲，科学技术是第一生产力，在经济社会发展新常态下，要按照"绿水青山就是金山银山"的指导思想，使生态环境本身成为生产力的重要组成部分，且成为影响和制约生产力与生产关系这一关系范畴的十分重要的因素。

三　以绿色生态产业体系作为生态文明建设的新常态

生态文明融入经济建设的更大战略，就是中华民族要把"生态文明"理念，转化为推动实现中华民族伟大复兴"美丽中国"梦的"生态生产力"，以"生态生产力"的巨大推动力，引领和推动全球绿色发展新理念、新实践，进而形成以生态文明建设促进人类一个地球家园命运共同体永续存在的"中国方案"。这个伟大战略定位的实质，就是坚定不移地推动和

① 《马克思恩格斯全集》第 23 卷，人民出版社 2001 年版，第 202—203 页。
② 《马克思恩格斯全集》第 23 卷，人民出版社 2001 年版，第 560 页。

实现"绿色发展、循环发展、低碳发展"。绿色、循环、低碳的发展模式将孕育形成一种新的生产方式,这种生产方式将更加符合生态文明建设的要求。

坚持把大力发展绿色、低碳、循环的生态产业体系作为生态文明建设融入经济建设的战略举措。坚持以经济建设为中心,依然是社会主义初级阶段基本路线的重要内容,现时代中国经济社会发展最根本、最紧迫的任务依然是进一步解放和发展社会生产力。坚持经济建设为中心,经济建设的明确属性应当界定为"绿色",即绿色化的经济建设。

坚持进一步解放和发展生产力,要求我们不仅把自然富源资源作为生产力和生产关系范畴中的要素,而且要把整个生态系统都纳入到生产力的范畴,从而与习近平总书记"保护生态环境就是保护生产力"的科学论断遥相呼应。基于此,要观察全球产业态势,瞄准世界产业发展制高点,着重发展有附加值、技术含量高、竞争力强以及产业价值链可延长的战略性新兴产业,大力推进产业结构优化升级,将传统制造业转化为拥有世界先进水平的新兴的制造业。同时以绿色化理念升级现代服务行业、优化结构、推动工业化和信息化深度融合,形成绿色化的现代产业体系,这是夯实生态文明时代绿色国民经济产业基础的战略工程。可以说,"生态文明所强调的人与环境、人与自然的协调发展,对中国而言是能否实现后发优势的一个契机"①。

经济全球化是各国经济、文化、资本、技术在世界范围内扩展的结果,其实质就是通过全球贸易投资或者产业转移实现全球产业结构的调整。在这一过程中,西方发达国家通过向欠发达国家转移落后产能,实现其本国经济结构的调整和产业转型升级。但这对承接产业转移的国家的资源和环境造成了破坏。一方面,从当前国际能源资源与生态环境整体格局看,能源危机和生态危机依然广泛存在,地球生态环境的承载力越来越有限。另一方面,西方发达国家的工业文明之路,巧妙利用了全球化发展的契机,实现经济增长方式的转变和产业结构的优化,目前正以可持续发展思潮引领世界绿色发展话语权,包括《2030年可持续发展议程》和《巴黎协定》。但现在一个显而易见和不争的事实是,中国的生态文明理念越来越国际化、全球化,成为在联合国舞台上以全新术语和崭新概念表达中国大力实践绿色发展的"中国方案"。如2016年9月举行的G20杭州峰

---

① 张世秋:《生态文明建设:中国实现后发优势的契机》,《光明日报》2012年12月4日第2版。

会，首次将生态文明理念和"2030年可持续发展议程"纳入会议议程。它既是中国的，也是世界的。可以说，21世纪上半叶，中华民族实现伟大复兴，既内在蕴含了美丽中国梦，也必然反映和体现人类一个地球家园的美丽星球梦。但不论怎样，如果不重视生态文明融入经济建设的战略考量及其基本路径，实现生态文明美丽中国梦、美丽世界梦的物质基础就不牢固。

第二节　钱学森产业革命理论

一　钱学森第六次产业革命理论

产业革命一词，最早出现在1845年出版的《英国工人阶级现状》一书中。在该书中，恩格斯用科学的社会观对"产业革命"概念进行了论述。在恩格斯看来，正是近代蒸汽机等大工业的迅速发展、生产力的提高推动了产业革命的发展，而且产业革命对当时的英国乃至整个西欧都具有进步意义，产生了巨大影响，"产业革命对英国的意义，就像政治革命对于法国，哲学革命对于德国一样……但这个产业革命的最重要的产物是英国无产阶级"①。

继此之后，欧洲学者对产业革命进行了更广泛的概括，如英国历史学家汤因比的"产业革命"②概念。其中，影响最为深远的则是美国未来学家、社会学家阿尔文·托夫勒在《第三次浪潮》一书中对人类社会的阶段划分，在他看来，整个人类历史可以分为农业阶段、工业阶段、信息化阶段。在该书中，托夫勒鼓吹遗传工程、电子计算机、新型结构材料、海洋开发等新兴技术能够解决资产阶级发展过程中的一切难题，使衰落的西方文明重新走向繁荣，重新引领世界潮流。

钱学森不同意托夫勒的观点，认为其是庇护资产阶级矛盾的产物。他在《评"第四次世界工业革命"》一文中直截了当地指出："在西方资本主义发达国家喊什么新的'科学技术革命'，新的'工业革命'已是常事，无非想给矛盾重重、衰退中的资本主义制度打强心针。"③ 在此基础

---

① 《马克思恩格斯全集》第2卷，人民出版社1957年版，第296页。

② Toynbee A., *Lectures on the Industrial Revolution in England*，外语教学与研究出版社2016年版。

③ 顾吉环、李明、涂元季编：《钱学森文集》（卷三），国防工业出版社2012年版，第232页。

上，钱学森以马克思主义哲学为指导对人类社会的发展进行了科学的划分，指出迄今为止出现的五次产业革命：第一次是原始农业革命，即农牧业的出现和发展，发生在公元前七八千年前后。人类学会了畜养牲畜，从原始的采集打猎为生转变为农牧为生，人类社会由原始氏族公社制度发展为奴隶社会制度。第二次是手工业革命，即商品生产的出现和发展，发生在公元前 1000 年前后。第三次是大工业革命，即大工厂生产时代，以西欧的工业革命为主要标志，出现在 18 世纪末 19 世纪初。第四次是商品国际化革命，即国家及至跨国大生产体系形成阶段，发生在 19 世纪末 20 世纪初。第五次是信息革命，即电子计算机、信息技术组织起来的生产体系，在 20 世纪中叶兴起。

钱学森如此划分的依据是什么呢？这是从科学革命、技术革命、产业革命的关系角度来理解的，他主张区分"认识客观世界中飞跃的科学革命，改造客观世界的技术飞跃的飞跃革命"①。"人对客观世界的认识使人能够改造客观世界，能搞生产。这在今天，科学技术是第一生产力，是先有科学革命、然后有技术革命，终于引起经济的社会形态的飞跃——产业革命。"② 而关于产业革命的概念，钱学森是这样定义的："产业革命是由生产力的发展而引起的生产体系和经济结构的飞跃，这包括生产力的方面，也包括生产关系的方面。"③ 这里，钱学森发展了恩格斯的产业革命学说，并将之与毛泽东提出的技术革命相关联，指出产业革命是科学革命和技术革命共同作用的结果。

由此，钱学森关于产业革命的学说形成了革命链理论：科学革命←→技术革命←→产业革命。从这一理论依据出发，钱学森预测了第六次产业革命的到来。

当然，任何事物的发展演变都是有其过程的，都是过程的集合体，钱学森关于第六次产业革命理论的描述也是在发展的过程中不断完善的。关于第六次产业革命的理论最早见于 1984 年钱学森在中国农科院第二届学术委员会会议上所作的学术报告——《创建农业型的知识密集产业——农业、林业、草业、海业和沙业》。该报告对第六次产业革命进行了详细的阐释，呼吁新中国的科技工作者要预见并准备迎接即将到来的第六次产业革命。他在 1996 年给包建中的书信中对第六次产业革命进行了提纲挈领

① 北京大学现代科学与哲学研究中心：《钱学森与现代科学技术》，人民出版社 2001 年版，第 99 页。

② 戴汝为：《社会智能科学》，上海交通大学出版社 2007 年版，第 73 页。

③ 涂元季主编：《钱学森书信》（一），国防工业出版社 2007 年版，第 452 页。

般的概括和定论，"21世纪30年代，人类社会将进入第六次产业革命，即现代生物科学革命，主战场在大农业"[1]。

二　第六次产业革命的内容实质

钱学森第六次产业革命理论包括农林草海沙产业建设和地理科学建设两部分。

（一）农林草海沙产业建设

20世纪80年代初，钱学森第一次提出第六次产业革命理论时将其定义为农业型的知识密集产业，并对其概念、分类、内容等作了详细论述。在他看来，所谓农业型产业，"是指像传统农业那样，以太阳光为直接能源，靠地面上的植物的光合作用来进行产品生产的体系"[2]。太阳光作为强大的能源，在我国幅员辽阔的土地上，其利用空间是无限的。而农业型的知识密集产业，则"一方面充分利用生物资源，包括植物、动物和微生物，另一方面又利用工业产业技术，也就是把全部现代科学技术，包括新的技术革命，都用上了。不但技术现代化，而且生产过程组织得很严密，一道一道工序配合得很紧密，是流水线式的生产"[3]。总之，钱学森的农业型知识密集产业融合了传统农业的太阳光能源与生物技术等知识体系，"其特点是以太阳光为直接能源，利用生物来进行高效益的综合生产，是生产体系，是一种产业"[4]。在具体划分上，可分为五类：农业产业、林业产业、草业产业、海业产业、沙业产业。

钱学森的第六次产业革命重在实现知识与技术的有效融合，在农、林、草、沙、海等产业领域形成综合性的多层次的产业生产方式，最大限度地利用自然资源以实现最优经济效能。当然，这一方案是在当时的生产力水平与经济结构的背景下提出的发展方向，有一定的时代局限性，其很多技术在当今社会已经实现并加以实践，但无论如何，其构思是超前的、是科学的、是可持续的。而且，随着科学的认知与技术的进步，这一理论也在不断地完善，在会议的报告、书信的来往中可窥见一斑，尤其是进入

---

① 郑雄：《钱学森给包建中写信——预言第六次产业革命将在中国发起》，世界信息报1996年版，第13页。

② 刘恕主编：《创建农业型的知识密集产业——农业、林业、草业、海业和沙业》，《沙产业概述》，中国环境科学出版社2001年版，第3页。

③ 刘恕主编：《创建农业型的知识密集产业——农业、林业、草业、海业和沙业》，《沙产业概述》，中国环境科学出版社2001年版，第3页。

④ 刘恕主编：《创建农业型的知识密集产业——农业、林业、草业、海业和沙业》，《沙产业概述》，中国环境科学出版社2001年版，第3页。

20世纪90年代之后，理论认识的飞跃逐渐指导实践的发展，并在具体实践过程中进一步丰富发展，使得这一理论日趋完善，钱学森所构建的第六次产业革命最终形成。

在《迎接21世纪大农业发展的一个重大问题》报告中，钱学森将农业型知识密集产业统称为"大农业"，认为"我国大农业如何面向21世纪的问题。这就是生物科学技术如何同常规农业科技相结合，使我国大农业，包括农、林、牧、草原、近海滩涂以至戈壁沙漠，成为利用阳光、通过生物进行生产的新产业"①。其重点在于生物科技的运用，实质在于太阳光能源的利用。在农产业建设中，强调传统农业区域的产业横向展开与产业链的延伸，走城市和农村同时建设，农、工、贸相结合的道路。在林产业建设中，指出林产业建设问题其实是社会经济建设问题，应该用系统工程方法指导，综合考虑林产品、商品林业、公益林业和多功能林业，开创、发展我国知识密集林产业。在草产业建设中，要以草原为基础，充分利用日光能量生成优质草原，通过兽畜、生物，以及化工、机械手段，形成高度综合的生产系统，创造充盈的物质财富。在海产业建设中，要将其视为一项长期的建设工作，不仅包括海洋渔业、海水淡化、海洋能源、南海开发等丰富的内容，还应考虑开发包括东沙群岛、西沙群岛、中沙群岛及南沙群岛等南海诸岛，以加强国防建设。在沙产业建设中，其理论不仅是治沙、防沙、制止沙漠化，更要开拓防沙、治沙、固沙事业，而且要能够在沙漠、戈壁开发出新的、历史上从未有过的大农业，建立农工贸易一体化的基地。

这里，伴随知识和科技的组合进步，钱学森将第六次产业革命打造为集信息、科技、管理、深加工、商贸一体的集团公司形式，致力于新的产业经济形式和社会形态，消除工农、城乡的差别，一定意义上，可以说，第六次产业革命理论至此得以定位和实现。

（二）地理科学建设

第六次产业革命包括了农业、林业、草业、海业、沙业五大产业，从系统总体来看，其包含了地球上整个的地理系统。因此，在五大产业之外，钱学森又提出了构建开放的复杂巨系统的地理科学，具有如下特点。

一是地理科学是一门以地球表层学为研究对象的综合性科学，地球表层学是地理科学的基础理论学科。在1987年召开的第二届全国天地生相互关系学术讨论会上，钱学森作了题为《发展地理科学的建议》的发言，

---

① 顾吉环、李明、涂元季编：《钱学森文集》（卷六），国防工业出版社2012年版，第234页。

首次运用了"地理科学"这一概念，他指出地理科学是综合性多维度的科学学，其研究对象是地球表层，也就是说要在"地球表层学"的基础上研究地理科学。所谓地球表层，"指的是和人最直接有关系的那部分地球环境，具体地讲，上至同温层的底部，下到岩石圈的上部，指陆地往下5千米至6千米，海洋往下约4千米"①。由此看来，地球表层关涉我们今天学科的很多分类，是地质学、天文学、气象学、古生物学、海洋学、水利学、地理学、生物学等多学科的综合体，所以它是复杂的巨系统。在钱学森看来，地球表层这个复杂的巨系统不是封闭的，是与环境有着交换关系的，其外围就是巨系统的环境，同时，由于这种交换的关系，它又是一个开放的系统。由此，钱学森建议称其为"地球表层学"。作为地理科学的基础学科，只有将地球表层学真正地建立起来，地理科学才有了理论的指导，在地球表层学指导下开展的地理科学建设才是真正的科学。总之，在钱学森看来，地理科学不是一门学科，它是一个学科的体系。

二是地球表层学是自然科学与社会科学的交叉学科，呼吁建立并发展地球表层学。1987年4月16日，在地球表层学学术讨论会上，② 钱学森指出："地球表层学不完全是自然科学，因为涉及到人的社会、人的活动，所以它也是社会科学；但是这种社会科学又不是纯粹的社会科学，还要受地质、气象环境的制约，所以它又跟自然科学有关系、跟经典的地学也是有关系的。地球表层学是一门综合了社会科学和自然科学的学问。"③ 也就是说，所谓地球表层学不仅关涉传统上所认为的天文、地理、生物系统，最重要的在于它是包括人类及人类社会的开放复杂巨系统，是天地生人综合的大系统。

钱学森呼吁学界要重视地球表层学，并建立相关的研究学科，因为地球表层学作为地理科学的基础学科关系到新中国社会主义建设问题，关系到人类生活的环境问题，是人类得以种族延续和国家发展的大战略。

三是地理科学是一个学科体系，它的三个层次分别是工程技术、技术科学和基础科学，地理哲学应居地理科学体系之首。既然地理科学是一个复杂的巨系统，它是一个学科体系，而不单单是一门学科，那地理科学的学科体系是如何构成的呢？在钱学森看来，地理科学作为一门现代科学，作为一个体系结构，可以分成三个层次：最切实用的工程技术层次，包括

---

① 顾吉环、李明、涂元季编：《钱学森文集》（卷五），国防工业出版社2012年版，第2页。
② 钱学森于会上作了《要区别"地球科学"和地球表层学》的发言，并刊载于《灾害学》1987年第3期。
③ 顾吉环、李明、涂元季编：《钱学森文集》（卷五），国防工业出版社2012年版，第75页。

城市规划、环境保护、水资源、气象预报、地区发展战略等，是地理科学改造客观世界的学问，带有工程技术性质的学问；较高层次的则是带有理论性的技术科学，包括数量地理学、生态经济学、国土经济学、环境科学、城市学等，是用来指导工程技术的；最高层次的则是基础科学，也就是地球表层学，一门上至大气同温层，下至地壳的整体系统研究的学问。

钱学森还将工程技术、技术科学、基础科学三层次进行集中的哲学概括，称之为地理哲学。钱学森说："哲学是指导我们具体工作的，那么地理工作者就应该有这样一种思想——地理哲学；地理哲学是地理科学的哲学概括。"① 也就是说地理哲学是地理建设的终极指导，从地理科学体系来看，"地理哲学应居地理科学体系之首，在地球表层学之上，直接联系马克思主义哲学"②。这里，钱学森认为地理哲学是带头学科，直接指导三个层次的学科发展，直接带动整个地理科学体系的发展。

四是社会主义文明建设的环境基础是地理建设。在1991年4月6日举办的中国地理学会"地理科学"讨论会上的发言中，钱学森明确指出"地理科学为社会主义建设服务的工作，属'地理建设'；'地理建设'是我国社会主义的环境建设"③。所谓地理建设，"包括交通运输、信息、通信、邮电、能源发电、供煤供气、气象预报、水资源、环境保护、城市建设、灾害预报与防治等等，都是我们整个国家、社会所存在的环境"④。在钱学森看来，地理建设是社会主义建设的一部分，是社会主义物质文明、精神文明、政治文明建设的环境基础，也就是说，这几部分是相辅相成、相互依存的关系。

总之，地理科学这一复杂巨系统"是一门由自然科学和社会科学交汇而成的、关于人类存在的物质环境基础的学问，研究对象主要是包括生物圈在内的整个地球表层系统，目的是揭示地球表层系统演变及其同人类相互作用的规律性，为地理建设提供科学的理论、技术、方法"⑤。

三 第六次产业革命的学科基础

任何理论的形成都有其特定的历史背景与时代特色，都不是偶然的结果。同样，钱学森的第六次产业革命理论是在马克思主义哲学的长期洗礼

---

① 钱学森：《创建系统学》，上海交通大学出版社2007年版，第145页。
② 蔡清富等：《毛泽东与古今诗人》，岳麓书院1999年版，第461页。
③ 顾吉环、李明、涂元季编：《钱学森文集》（卷六），国防工业出版社2012年版，第194页。
④ 顾吉环、李明、涂元季编：《钱学森文集》（卷六），国防工业出版社2012年版，第197页。
⑤ 苗东升：《钱学森哲学思想研究》，科学出版社2013年版，第210页。

下，在系统科学的不断淬炼中，在地理科学的发展完善上，在科技发展的持续关注中而提出的。可以说，第六次产业革命的提出也有其一定的学科基础：马克思主义哲学是思想理论基础，系统科学是方法论基础，科技进步是基本动力。

（一）马克思主义哲学是第六次产业革命理论学说形成的思想理论基础

钱学森是坚定的马克思主义者。在他的实际工作以及学术研究中，他经常自觉地以马克思列宁主义、毛泽东思想等理论作为指导，这是钱学森尤其是回国阅读相关著作后的鲜明态度。他曾经不止一次地在众多场合、在各种学术论说中提到自己对马克思主义哲学的信仰。"用马克思主义哲学作指导，是做学问的普适原理。"① "我不追随西方国家的提法，而想按马克思列宁主义毛泽东思想办事。"② 而且随着科研的深入，钱学森的意志越发坚定，"越学越感到马克思列宁主义、毛泽东思想确实是指导我们科学技术工作所必需的，我这信念越来越强"③。

钱学森不仅将马克思主义作为理论指导，在他看来，任何理论、任何研究都要上升到哲学高度。只有以马克思主义哲学为最高概括、最高理论指导，任何工作才能有针对性地进行。

当今时代，之所以很多学科的理论体系不够完善，问题就在于"人们一直没能真正用马克思主义哲学为观点来分析问题，没有辩证唯物主义和历史唯物主义"④。所以，钱学森之所以能正确分析当时中国生产力的发展和经济结构的构成，是因为他将马克思主义哲学、辩证唯物主义和历史唯物主义运用其中。从历史角度分析当时产业革命的演变与发展，从而准确地预测了第六次产业革命的到来。可以说，没有马克思主义哲学，没有辩证唯物主义与历史唯物主义，便不会有产业革命学说，进而不会有以产业革命学说为基础的第六次产业革命理论。因此，马克思主义哲学、辩证唯物主义、历史唯物主义是第六次产业革命理论形成的思想理论基础。

（二）系统科学是第六次产业革命理论学说形成的方法论基础

关于系统学说这一概念，西方学者普遍认为是 20 世纪 40 年代才创造的。但钱学森却从历史唯物主义的角度指出，古人在过去已经掌握了朴素的系统概念，他们在不自觉中运用着系统，"人类在知道系统思想、系统

---

① 〔英〕阿诺德·汤因比、〔日〕池田大作：《展望 21 世纪》，荀春生等译，国际文化出版公司 1985 年版，第 249 页。
② 鲍世行、顾孟潮：《钱学森建筑科学思想探微》，中国建筑工业出版社 2009 年版，第 305 页。
③ 钱学森：《创建系统学》，上海交通大学出版社 2007 年版，第 162 页。
④ 1985 年 4 月 19 日，钱学森在致浦汉昕信中如是说。

工程之前，就已在进行辩证的系统思维了"。"系统概念来源于古代人类的社会实践经验。""朴素的系统概念，不仅表现在古代人类的实践中，而且在古中国和古希腊的哲学思想中得到了反映。"①

那么系统是如何上升到系统科学的呢？当然，这也得益于科学技术的发展与进步。进入80年代后，钱学森在科学工作中日渐认识到系统理论的重要性，对系统工程和控制论的认识也在不断深入，这使他逐渐意识到系统是当时科技前沿的新领域，是值得广泛研究的新课题。苗东升先生在《钱学森哲学思想研究》一书中分析指出，"所谓'系统的观点'，就是承认世界上万事万物都以系统方式存在着、运行着，要自觉地把事物作为系统去认识和处理。这实际上是一个新的科学假设，即系统科学的基本假设。其中之一是：凡系统的都有结构和功能，系统就是结构与功能的矛盾统一。以系统观点看事物，要点之一是从事物的结构、功能及其相互关系去认识和处理问题"。所谓"整个客观世界"，"他有两个含义。一是客观世界的所有事物，不论哪个领域或层次或方面，都是系统科学的研究对象；二是整个客观世界也是一个系统。钱学森不赞同以研究对象来划分学科大部门，倡导按照整个客观世界的特定视角或着眼点来划分"②。

基于此，所谓系统科学就是将整个客观世界视为一个联系的整体，强调从各个部分所组成的整体着手，去科学系统地规定相互依存、相互制约的部分以实现整体的建构。第六次产业革命的大农业即是系统科学的科学运用，不仅将农、林、沙、草、海等各个部分的各个环节联系在一起，形成深加工的多层次的联合，还将其整体上视为地理科学建设，从整个地球表层的大环境出发，从而实现生态经济的一体化格局。总之，第六次产业革命理论学说是钱学森运用系统科学工具分析当时世界政治经济以及环境资源等问题而作出的科学论断，无疑，系统科学是该学说的方法论基础。

（三）科技进步是第六次产业革命理论学说形成的推动力

在钱学森看来，我国走向全面现代化的重要一步，关键在于科学技术现代化。在考察20世纪以来的科学发展态势时，钱学森以系统科学为出发点，提出了建立现代科学技术体系的构想，"系统的、有结构的、组织起来互相关联的、互相汇通的这部分学问，我把它称为现代科学技术体

---

①　钱学森等：《论系统工程》，上海交通大学出版社2007年版，第37—39页。

②　苗东升：《钱学森哲学思想研究》，科学出版社2013年版，第125—126页。

系"①。此后20多年的时间里，钱学森一直在思考并反复讨论这个大体系、大问题。1996年，钱学森的现代科学技术体系最终确立。可以说，这是钱学森一生中除第六次产业革命之外的又一伟大理论贡献。

正如上文所指出的，钱学森是坚定的马克思主义者，同时又是积极的社会主义建设者。第六次产业革命既然是知识密集型产业，客观上就要求运用最前沿的科学技术成果，也就是说要把现代科学技术体系中能够利用的科技都运用到第六次产业革命中，充分利用人类社会创造的一切科学知识，吸收国内乃至世界范围内最为先进的生产技术，通过生产力的改造来促进人与生态环境的和谐，实现生态经济学所要求的经济结构与生产关系。所以说，钱学森构建的现代科学技术体系，保障了第六次产业革命的推进，更是创建第六次产业革命理论的强大推动力。

第三节　钱学森产业革命学说战略
提升生态文明建设水平

一　第六次产业革命与整体推动人与自然和谐共生的
社会主义现代化建设

在钱学森看来，西方世界自16世纪以来，随着经济的快速发展和现代化建设的起步，开始补第一、第二次产业革命的历程，并在之后的几百年时间里，先后主导了第三、第四、第五次产业革命浪潮。新中国成立至今，我国社会经济实现了飞跃式的发展，但必须承认的是，我们直到今天依旧处在社会主义建设的初级阶段。"从现在到21世纪……大约一直到建国100周年，21世纪中叶，我国社会主义建设的任务就是贯彻执行党中央的方针、路线和政策，继续改革完善我们的社会主义政治制度；进行第四次、五次、六次产业革命。也就是说在这段时间中，我们要完成的第一个任务是改革完善我们的社会主义政治制度，第二个任务就是要进行第四、第五、第六次产业革命，第三大任务就是极大地提高我们社会主义的物质文明和精神文明。"② 也就是说，在1978—2050年的时间段内，中国要为第四次产业革命补课，参与第五次产业革命，并发起第六次产业革命，乃

① 钱学森：《创建系统学》，上海交通大学出版社2007年版，第3页。
② 顾吉环、李明、涂元季编：《钱学森文集》（卷五），国防工业出版社2012年版，第334页。

至第七次产业革命，这样一项规模巨大的、强度极高的工程，是社会主义建设中的一次伟大浪潮。

党的十八大以来，在推动生态环境保护领域国家治理体系和治理能力现代化的过程中，习近平生态文明思想将唯物辩证法运用在生态文明建设尤其是生态环境治理上，创造性地提出了"坚持山水林田湖草沙冰系统治理"的思想。① 党中央提出经济建设、政治建设、文化建设、社会建设、生态文明建设协调发展的举措，其中，生态文明建设关乎农林草海沙以及地理系统，这也一定程度上实现了钱学森第六次产业革命学说和地理科学建设的愿景。

我国生态环境治理一度存在着分而治之的问题，严重影响了生态文明建设的成效。例如，将水污染防治分散在不同的行政部门进行管理，而忽视了水系统和水治理的整体性。自然界是一个包括山、水、林、田、湖、草、沙、冰等诸多自然要素的有机整体。现代生态学和系统论已经科学揭示出自然的系统性。针对长期以来国土空间用途管制存在的各自为政的弊端，党的十八届三中全会明确提出了深化生态文明体制改革和加快建立生态文明制度的要求，着力推动实现生态环境保护领域国家治理体系和治理能力现代化。习近平总书记在这次全会上第一次提出了"山水林田湖是一个生命共同体"的理念。他说："山水林田湖是一个生命共同体，人的命脉在田，田的命脉在水，水的命脉在山，山的命脉在土，土的命脉在树。"② 2021 年，习近平总书记再次强调，"要坚持山水林田湖草沙冰系统治理"③。党的十九届六中全会通过的党的百年决议，将"坚持山水林田湖草沙一体化保护和系统治理"④ 写入其中。

二　钱学森产业革命学说对更高水平建设生态文明的主要启示

党的十八大明确指出："建设生态文明，是关系人民福祉、关乎民族未来的长远大计。面对资源约束趋紧、环境污染严重、生态系统退化的严峻形势，必须树立尊重自然、顺应自然、保护自然的生态文明理念。"将

① 张云飞、李娜：《坚持山水林田湖草沙冰系统治理》，《城市与环境研究》2022 年第 1 期。
② 习近平：《论坚持人与自然和谐共生》，中央文献出版社 2022 年版，第 42 页。
③ 《习近平主持召开中央全面深化改革委员会第二十次会议强调　统筹指导构建新发展格局　推进种业振兴　推动青藏高原生态环境保护和可持续发展》，《人民日报》2021 年 7 月 10 日第 1 版。
④ 《中共中央关于党的百年奋斗重大成就和历史经验的决议》，《人民日报》2021 年 11 月 17 日第 1 版。

生态文明融入经济、社会、政治、文化等诸多方面，构建"五位一体"的经济结构是当下中国对生态的总体规划与布局。正如钱学森在早些年提出的地理科学建设一样，其所关注的焦点即是整个世界范围内的生态问题，这与生态文明有异曲同工之妙。针对当下生态文明的建设，对其整体布局、落实措施、有效机制等方面，钱学森的农林草海沙产业建设和地理科学建设能够提供有益思路与启示。

（一）从整体上看：用系统论的方法论规划生态布局

钱学森在美国时就萌生了系统科学的想法，他曾经说过："辩证法的一个要点就是要人全面地看问题。"① 也就是从事物是普遍联系发展的角度看问题。这一定意义上等同于钱学森的系统论学说，正如苗东升所指出的，"在一定程度上讲，系统科学是唯物辩证法两大基本原理在科学技术中的直接应用，系统概念、系统观点就是用科学语言描述的普遍联系原理，系统演化理论则是用科学语言表述的发展变化原理"。② 这里，我们的系统论的方法论也就是从事物是普遍联系的角度将相互联系的客观事物置于整体的视域下进行科学的系统的论说。

首先，生态文明建设的对象应该是"地球表层学"范围内的生物圈以及人与自然、人与社会环境的统一体。也就是说，在建设生态文明的进程中，除了传统的生物圈、大气层、资源外，还要关注地质学、地学、地球学等内容，更重要的在于关注人类本身，关注人与自然、人与社会的关系。因为人类才是生态建设的主导，人类社会的和谐才是自然生态的真和谐。总之，它们都是系统的各个组成部分，要置于一个大环境下进行研究，从系统的角度考虑问题，只有这样，才能全面地可持续地发展。

其次，生态文明建设的经济结构应该是系统化的、相互关联的。钱学森提出的农林草海沙五大产业建设和地理科学建设一定程度上涵盖了地球表层全部资源以及人类相关的活动，包括了经济社会的三大产业结构，本身就是系统化的整体观。这就要求我们走农业工业化、工业服务业化的道路。比如农业建设，要将农业种植、农作物生产与农产品深加工相结合，缩短中间流程，实现直接对接，建设相应的农业工业园区，这就是农业工业化。而且要搞生态农业、生态旅游业，就像近些年兴起的采摘业、生态游等，这还远远不够，应该将生态旅游与文化旅游相结合，实现生态文化旅游，这也就是农业服务业化。总之，就是通过系统的观念实现三大产业

---

①　罗沛霖：《系统研究：祝贺钱学森同志 85 寿辰论文集》，浙江教育出版社 1996 年版，序。

②　苗东升：《钱学森哲学思想研究》，科学出版社 2013 年版，第 122 页。

的联合，实现资源的最优利用与经济的最大效益。

最后，要处理好生态与经济、生态与政治、生态与文化等诸多方面的和谐共生关系。生态政治、生态经济、生态文化等是近些年的新名词，也是党和国家的发展方向和治国理念。正如钱学森所提出的地理科学建设一样，要加强交通运输、能源发电、供煤供气、气象预报、水资源、环境保护、城市建设、灾害预报与防治等的建设。从更深层次上说，之所以出现如此复杂的生态问题，与单纯追求经济的发展是分不开的。关于生态与经济的关系，一方面，经济是人类生存的物质基础，另一方面，生态是人类生存的环境基础，二者是相互对立又相互统一的。无疑，在生态建设中，要从系统论的理念出发，协调好人类生存所必备的政治、经济、文化等与生态的关系，唯有如此，才能全面地关注并解决生态问题。

（二）从制度上看：以政策方针的形式加强管理规范

在马克思主义哲学中，上层建筑是指建立在一定经济基础之上的社会意识形态以及与之相适应的政治法律制度和设施等的总和。反映在生态经济基础上的生态文明建设中，正如钱学森为落实第六次产业革命而作出的努力一样，生态文明的建设需要相关法律法规的制定、相关部门的组织、国家政策的大力支持，也就是说，要建立完整系统的生态文明制度体系。

首先，关于法律法规的制定。可以说，健全的法律制度是生态文明建设的有力保障。在我国现阶段，就要完善相关的法律法规建设，构建涵盖生态建设各个方面的立法体系。当前，尤其要研究节约资源和开发新能源，规范生产和资源使用问题。除此之外，还要颁布大气污染、乱排乱放等相关的治理体系，规范惩罚措施，加强管理监督。

其次，关于相关部门的组织。除了法律法规的制定外，还需要相关部门的保障实施。一方面，从政府层面，如钱学森所建议的，成立相关的专业部门，如草业部、沙业部等，下设区域性的草业局、沙业局等，建立由上而下的管理机构，从整体上指导全国生态文明的建设，通过层层放权，最大化地覆盖城市、乡村等；从社会层面，由专家学者或地方有志之士组建公益性环保组织，宣传生态知识，促进企业、个人的生态行为。

最后，关于国家政策的支持。企业是以营利为目的的组织机构，其主要目的在于实现最大限度的创收。一些企业只顾眼前利益，不考虑长远规划。这就需要政府落实相关的经济扶持和政策支持，引导企业走可持续发展之路。

（三）从技术上看：运用前沿科技带动相关产业发展

科学技术的进步与创新是开展生态文明建设的关键，是改善生态环境的直接动力。邓小平同志指出，科学技术是第一生产力。基此也可以说，生态文明建设的关键在于发展生产力。"现代科学技术贯穿于社会生产的全过程，其重大发现和发明，常常在生产上引起深刻的革命，使社会生产力得到迅猛的提高和发展。"[①]

首先，环境污染等问题的防治需要科学技术的支撑。一方面，能够从表面上治理业已产生的大气污染、河流污染、土地污染等问题；另一方面，新技术的开发能够从源头上实现低耗高产的生产模式，根本上解决环境问题。当今世界范围内已经开始运用科学技术防治环境污染，但进一步的防治还需要科研的进一步努力。

其次，新能源的运用需要科学技术的进步和创新。相较于传统的煤炭、石油等不可再生资源，新能源诸如太阳能、地热能、风能、生物质能等具有可再生、无污染的优势。钱学森在农林草海沙五大产业建设中指出要加强太阳能、风能等能源的利用，尤其是生物科技的发展，这是进行产业建设的推动力所在。

最后，文明生产方式的建立需要科学技术的大力发展。我国政府提出走新型工业化道路，以实现经济的高质量增长。所谓新型工业化道路就是摒弃传统的粗放式的线性生产模式，发展低耗能高产出的生产方式，实现资源—产品—资源的循环利用。钱学森在农林草海沙产业建设中尤其强调利用生物技术，其不仅能够减少资源的消耗，缩减中间环节，最重要的是能够实现生物能的最大价值。

（四）从知识上看：培育新型人才适应生态研究需要

无论如何，生态文明建设都是人参与下的关于客观世界全面的整体的改造活动，势必需要知识的储备与相关人才的培养。任何时候，任何理论与实践的结合，都必须建立在相关的知识基础之上。生态文明建设包罗万象，有跨越学科的知识需要，其发展规划是长期的，其学科要求是多层次的，包含生物学、地理学、生态学、经济学、社会学等诸多学科；更是学科的融合，如生态经济学、生态社会学等。这就需要多方面专家的合力参与，培养全能型的知识人才。

一句话，生态文明建设的理论研究要全面深化。在理论层面上，我们要建立生态文明观，并形成理论研究体系，将马克思主义的生态观、中国传统文化中体现出的生态观与西方世界能够为我所用的生态理念相结合，将生态文明观与我国当下社会主义建设与长远规划相结合，制定符合我国

[①]　张震、李长胜等：《生态经济学——理论与实践》，经济科学出版社2016年版，第29页。

发展现状的具有中国特色的生态文明观理论大体系。在学科层面上，迎合学科融合趋势，改变传统上西方分科理念，实现多学科的交叉，构造符合时代发展的新型学科；更高层次上，要发挥哲学社会科学应有的指导意义与价值。

首先，在学科建设上，要将生态理念融入其他学科中。如生态经济学就是将生态学与经济学相结合而形成的一门学科，是研究生态系统和经济系统的符合系统的结构、功能及其运动规律的学科。在未来的长期发展中，随着科技的进步和知识的探索，我们完全可以顺应时代潮流形成融合多种学科的新型生态文明学科，以从理论上指导生态文明建设。

其次，在院系建设上，正如钱学森所建议的，我们可以成立一些专门院系和专业性综合大学。当然，这也是世界生态发展的要求。随着生态文明建设的不断完善，世界范围内的学科理论要求不断加强，学科体系不断建成，为了更加专业对待生态问题，需要联合相关学科成立专门的研究机构。通过学科的设立和大学的建成，培养相关人才，是生态文明建设的知识保障。

最后，生态文明建设不仅需要精英团队的领导，也需要全体群众的广泛参与。这就要求我们大力宣传生态文明的知识，加强人民群众的生态意识与生态理念。一方面，从身边小事做起，积极促进生态文明；另一方面，党和政府要做好社会引导，共同创造新型的社会文明方式。

综上所述，我们要积极迎接第六次产业革命的到来，并且做好充足的准备工作。在生态文明的建设中，广泛吸取钱学森农林草海沙产业建设和地理科学建设的理念和想法，在系统科学的全面整体指导下，在国家政策的大力扶持下，综合考虑国内的生态现状和问题，运用最前沿科学技术，培养相关的知识融合型专业人才，在区域性的生态治理的整合下实现系统范围内的全面生态文明建设。通过由科学革命与技术革命引发的产业革命，不断发展生产力，改善生产关系，优化产业经济结构，实现我国三大产业的有效整合和绿色化转向。

第四节　更高水平构建生态经济体系
必须坚持创新驱动

中国特色社会主义进入新时代，贯彻新发展理念，坚持以高质量发展为主题，以供给侧结构性改革为主线，建设现代化经济体系，等等，是以习近平同志为核心的党中央就我国经济建设作出的一系列重大理论和伟大实践。究其实质，与生态文明建设的丰富内涵有很多竞合和叠加之处。可以说，新时代无论怎样强调生态文明建设的重要性，都不为过。与此同时，也必须深刻认识到，当前对生态文明建设的理解，在思想上出现了一些错误，在实践中出现了一些偏差，既影响到生态文明建设战略愿景的实现，也导致一些地方在实践中借生态文明的名义背离我们党坚持以经济建设为中心的基本路线，这是极其有害的。

我们党的百年奋斗伟大历程，实现了从站起来、富起来到强起来的历史性转变。站起来标志着彻底推翻了压在中国人民头上的帝国主义、封建主义、官僚资本主义"三座大山"，彻底结束了旧中国半殖民地半封建社会的历史，彻底废除了列强强加的不平等条约，是中国人自己富起来的根本历史前提。同样，富起来是今天有条件、有实力实现由富到强的前提。改革开放以来，我们在推动经济建设、取得历史性成就的同时，确实走过和经历过以牺牲环境为代价的粗放式发展老路，从而使生态环境问题发展成为重大的经济问题、政治问题和社会问题。但相较于伟大的历史性成就，生态环境问题是经济社会发展主要矛盾的次要方面。

进入新时代，以习近平同志为核心的党中央高度重视生态文明建设，推动我国生态环境保护发生历史性、转折性、根本性变化。习近平生态文明思想，从来不是孤立地就生态环境论生态环境，从来就是马克思主义关于人与自然的认识论、方法论哲学，从来就是中国共产党人百年奋斗孜孜探求的关于发展、社会主义实现怎样发展的马克思主义政治经济学，是统筹发展和保护、是对实践中或有走偏的唯 GDP 发展论的矫正和科学扬弃。绿色发展也好，高质量发展也好，根本还在于发展。必须按发展的眼光，坚持以经济建设为中心，在第二个百年奋斗目标新征程上，实现绿色科学技术和绿色经济的再创业。

一是善于从全局观推动生态文明建设。从党中央于 2018 年 5 月正式提出"生态文明体系"（即生态文化体系、生态经济体系、环境质量改善体系、生态文明制度体系、生态国家安全体系）战略理念，到党的十九届五中全会提出"推动经济社会发展全面绿色转型"；再到作为习近平生态文明思想重大科学论断的"生态文明是工业文明发展到一定阶段的产物，是适应人与自然和谐发展的新要求""山水林田湖草沙是生命共同体""坚持生态优先、绿色发展"，"经济、社会、文化、生态等各领域都要体现高质量发展的要求"，等等。这都表明，社会主义生态文明观、习近平生态文明思想是新时代马克思主义的哲学观、经济观和政治观。必须善于以全局观、战略观、系统观推动生态文明建设。

二是把握好统和分、国内和国际、整体和局部的关系。第一，从统和分的关系看，生态文明建设的各项历史性任务，都需要党中央顶层设计，统一部署。第二，从国际国内关系看，实现碳达峰、碳中和是中国发展进入新阶段中国社会发展的自我要求，固然有西方世界和人类社会整体应对气候变化的宏观背景，但发展权是中国屹立于世界的法宝。我们能抗住疫情，在于令整个西方世界惊艳的硬实力。不能稀里糊涂、囫囵吞枣把企业关了，使得产业链断了。第三，从整体和局部关系看，发展不平衡、不充分，是当前我国社会主要矛盾的重要特征。要着眼建设共同富裕的现代化，全面推动东部和西部、南方和北方区域发展有机融合。

三是坚持创新居首，着力推动技术变革和产业变革，使中国生态文明建设成为推动和促进高质量发展、建设人与自然和谐共生现代化的法宝。生态文明建设，从狭义角度看，是涉及马克思所说的人们的衣食住行绿色转向问题，是生产方式和生活方式问题；但从人类对能源的依靠看，能源问题是"牛鼻子"。现在，我国对生态文明建设唱高调者居多，没有把发展的眼光和依托力量真正放到能源技术的彻底性革命上来。工业文明之所以引领人类文明数百年，归根结底在工业化的技术和产业。我们要引领新的生态文明，就必须有相较于工业文明的能够卡住别人脖子的硬通货、硬实力。必须始终坚持把以经济建设为中心作为在更高水平建设生态文明的出发点，才能够突破绿色低碳发展关键技术，才能够通过市场资源配置效应，成就中国绿色国民经济新常态，使绿色产业的兴起成为新时代中国在第二个赶考之路上的革命性变革。

第五章 生态质量・生态责任・生态产品：
加快构建生态文明目标责任体系

党的十八大指出：建设生态文明，是关系人民福祉、关乎民族未来的长远大计。面对资源约束趋紧、环境污染严重、生态系统退化的严峻形势，必须树立尊重自然、顺应自然、保护自然的生态文明理念。在这里，资源约束趋紧、环境污染严重、生态系统退化，是中国特色社会主义进入新时代后我国生态文明建设和生态环境保护事业依然必须面对的严峻形势和突出问题。

2013年5月，在十八届中央政治局第六次集体学习时，习近平总书记指出："全党同志都要清醒认识保护生态环境、治理环境污染的紧迫性和艰巨性，清醒认识加强生态文明建设的重要性和必要性，真正下决心把环境污染治理好、把生态环境建设好，为人民创造良好生产生活环境。"[1] 他又指出："我国生态环境矛盾有一个历史积累过程，不是一天变坏的，但不能在我们手里变得越来越坏，共产党人应该有这样的胸怀和意志。"[2] 党的十九大充分肯定了我国生态文明建设的显著成效，同时指出，必须清醒看到，我们的工作还存在许多不足，也面临不少困难和挑战。表现在生态文明建设领域，就是"生态环境保护任重道远"。

习近平总书记指出："良好生态环境是最公平的公共产品，是最普惠的民生福祉。"[3] 我们的一切工作，都是为了人民。改善生态、改善民生也是如此。良好的生态环境，是人民生存和发展的前提和基础，既是生态褔

---

[1] 习近平：《在十八届中央政治局第六次集体学习时的讲话》（2013年5月24日），载《习近平关于社会主义生态文明建设论述摘编》，中央文献出版社2017年版。

[2] 习近平：《在中央财经领导小组第五次会议上的讲话》（2014年3月14日），载《习近平关于社会主义生态文明建设论述摘编》，中央文献出版社2017年版。

[3] 习近平：《在海南考察工作时的讲话》，载《习近平关于社会主义生态文明建设论述摘编》，中央文献出版社2017年版，第4页。

裸，更是民生福祉。在物质文化供给与需求已经不是社会主要矛盾的今天，优质生态产品的短缺、良好生态环境系统的破坏、基本环境公共服务的缺失，在很大程度上，已经影响到人民群众基于物质生活条件极大改善所带来的幸福感。人民群众从内心深切呼唤清新的而非雾霾大面积肆虐的空气、干净的而非污染的水源、放心的而非农药残留过多的食品，这都成为老百姓判断生态文明建设成效的基本诉求和心中标尺。习近平总书记关于生态与公共产品、生态与民生关系范畴的科学论断，是对良好生态产品公共民生属性的揭示，深化和拓展了民生概念的新内涵，也是在新的历史条件下对我们党民生思想的完善、丰富和发展。必须从良好生态环境是事关重大公共服务、重要民生福祉的战略高度，坚决摒弃唯GDP论英雄的狭隘政绩观、狭隘民生观，把持续提高生态环境质量作为履行生态文明建设职责、提升公共治理水平、呵护最普惠民生福祉的重要内容，从根本上扭转生态环境恶化趋势，不断为人民群众创造天蓝、水清、地绿的宜居生活环境。

第一节　中国生态环境保护任重道远

一　中国生态环境资源面临一系列严峻挑战

改革开放至今，尽管我国环境保护工作取得积极进展，生态文明建设上升为国家战略。但总体来看：第一，我国经济增长方式，包括人民群众的生活方式，还是过于粗放，能源资源消耗还是过快，资源支撑不住，环境容纳不下，社会承受不起，发展难以持续。发达国家上百年工业化过程中分阶段出现的环境问题，在我国集中出现。长期积累的环境矛盾尚未全面解决。主要污染物排放超过环境承载力，水、大气、土壤的污染治理形势依然严峻。第二，我国生态环境矛盾有一个历史积累过程，不是一天变坏的。近年来，生态环境质量在持续向好发展，但成效并不稳固，犹如逆水行舟，略有松懈就有可能出现反复。第三，我国仍处在新型城镇化快速发展进程中，传统城镇化进程中基于城市承担功能过多、产业高度聚集、城市规模快速扩张、交通拥堵、空气质量差、城市内涝等为特征的复合型污染病，仍然是需要下大力气解决的突出问题。我国生态文明建设仍处于压力叠加、负重前行的关键期。如果现在不抓紧，将来解决起来难度会更高、代价会更大、后果会更重。从宏大的历史视野看，由中国梦所揭示出的这种当代中国建设生态文明历史基因的复杂性和特殊性，使得世界上没有一个国家的成功经验可以完全帮助中国解决当前的生态环境压力和所面临的严峻挑战。

立足新发展阶段、贯彻新发展理念、构建新发展格局，以历史性决心系统解决城市内涝问题，必须坚决以习近平生态文明思想特别是关于城市治理能力和治理水平现代化的有关重要论述为根本遵循，坚持以人民为中心的发展思想，将城市作为有机生命体和加快构建人与自然和谐共生的内在要求，系统打通城市内外生态循环系统。在我国的城市化进程已经伴随40多年改革开放历史进程的时空背景下，我们要有历史性勇气，就像对待"地上"面子工程一样，彻底建设一个"地下"面子工程。这是治本之道，也是畅通国内循环的重要路径，任务还十分繁重。

总体来看，当前我国环境保护形势严峻、生态系统自我修复功能退化和重点产业资源濒临枯竭等系列影响和制约经济社会可持续发展的突出环境、生态和资源问题，其原因，首先与长期以来在实践中并没有正确处理好环境保护和经济社会发展之间的关系有关，也与没有把以经济建设为中心的社会主义初级阶段基本任务与环境保护作为写入我国宪法的一项基本国策统筹起来有关。必须重新审视经济社会发展与环境保护两者的内在关系。必须将正确处理经济发展与环境保护两者的内在关系作为检验生产力成败的重要试金石，将经济发展方式转变，作为当前和今后一个时期我国经济发展的重要任务。

二 中国梦的历史渊源凸显中国生态文明建设的曲折性和复杂性[①]

习近平总书记指出："实现中国梦必须走中国道路。"[②] 从近现代历史角度看，中国梦是在对近代以来170多年中华民族发展历程的深刻总结中走出来的，既记录着中华民族从饱受屈辱到赢得独立解放的非凡历史，又承载着基于中国生态文明传统断裂而形成的历史伤痛和时代阵痛。

自1840年爆发鸦片战争、中国逐步沦为半殖民地半封建社会始，至1949年，整整109年，中华民族才迈出了赢得民族独立、人民解放的第一步。而这109年的历史，战争与战乱所形成的对祖国山河、土壤、林木、水源以及居住环境的生态灾难，特别是因日本侵华战争实施野蛮的"三光

---

① 参见黄承梁《传承与复兴：论中国梦与生态文明建设》，《东岳论丛》2014年第9期。

② 习近平：《在第十二届全国人民代表大会第一次会议上的讲话》（2013年3月17日），《人民日报》2013年3月18日。

政策"、施放毒气和细菌战而形成的生态灾难，持续时间之长、规模之大、破坏之巨，在世界范围内都是罕见的；新中国成立后，面对国内经济的满目疮痍、一穷二白和西方列强的政治孤立、经济封锁，急于扭转乾坤的新中国领导人和勤劳朴实的中国人民，忽视科学、忽视客观自然规律和经济规律，大跃进、大炼钢铁，对森林、矿山和生态环境造成一定破坏；改革开放至今，尽管我国环境保护工作取得积极进展，生态文明建设上升为国家战略，但总体来看，我国经济增长方式还是过于粗放，能源资源消耗还是过快，资源支撑不住，环境容纳不下，社会承受不起，发展难以持续。发达国家上百年工业化过程中分阶段出现的环境问题，在我国已经集中出现。长期积累的环境矛盾尚未解决，新的环境问题又陆续出现。主要污染物排放超过环境承载力，水、大气、土壤的污染相当严重，环境污染源日趋复杂。

从近代以来 170 多年中华民族发展历程深刻总结中走出来的中国梦，揭示了一个基本事实，即当代中国的生态文明建设是在中华生态文明传统断裂的历史背景下负重传承。由中国梦所揭示出的这种当代中国建设生态文明历史基因的复杂性和极其特殊性，使得中国在解决当前的生态环境压力和所面临的严峻挑战中没有经验可循。如何应对这种压力和挑战，理性地回应挑战，负责任地履行我们的使命，我们逐步认识到，西方工业文明的优势是规模化生产使人类商品迅速丰富，缺陷是对地球资源的消耗与污染急剧加速，而前者正是通常被人们忽视，却被西方国家主导了近 200 年的所谓文明优势；后者却是由中国梦所承载的伤痛所导致的中国人对自身探索模式的自信缺失，同样也缺失对工业文明弊端充分批判的人文底气。其结果，如生态文明，在党的十七大要求树立生态文明意识后的相当一段时期内，我们缺乏对中国理直气壮建设生态文明正当性的论说，更不要说获得国际社会的应有认同。我们甚至一度逻辑错误地将生态文明归结为西方文明的成果，以中国的雾霾，以偏概全，全然否定生态文明建设的中国主张。

美国汉学家白鲁恂（Lucian Pye）曾评论指出："中国不仅仅是一个民族国家，她更是一个有着民族国家身份的文明国家。中国现代史可以描述为是中国人和外国人把一种文明强行挤压进现代民族国家专制、强迫性框架之中的过程，这种机制性的创造源于西方世界自身文明的裂变。"① 西方工业文明的 200 年，在人类文明发展的历史长河中，只是一个小小的阶

① 〔英〕马丁·雅克：《当中国统治世界》，张莉、刘曲译，中信出版社 2010 年版，第 296 页。

段。恰如美国的政治理论学者马歇尔·伯曼所言："成为现代的就是发现我们自己身处这样的境况中，它允诺我们自己和这个世界去经历冒险、强大、欢乐、成长和变化，但同时又可能摧毁我们所拥有和所知道的一切。它把我们卷入这样一个巨大的旋涡之中，那儿有永恒的分裂和革新，抗争和矛盾，含混和痛楚"[①]；马克思的《共产党宣言》，则描述了整个西方文化和道德的溃散："一切坚固的东西都烟消云散了，一切神圣的东西都被亵渎了。"[②] 探寻近代170多年中国梦所饱含的中华民族从饱受屈辱到赢得独立解放的非凡历史，理解中国梦所承载的基于中国生态文明传统历史断裂而形成的时代阵痛，要求我们淡定而理性地看待中国生态文明建设的曲折性、复杂性和艰难性。中国的环境保护和生态文明建设，固然离历史性的转折还有很大的差距，但也不必妄自菲薄。相反，我们需要对中华传统能够重塑和重构当代中国和世界的生态文明给予必要的历史敬重和时代自信。

第二节　良好生态环境是最公平的公共产品

我国是世界上人均生态资源稀缺的国家之一。一方面，生态资源总量本身不足，森林、湿地、草原等自然生态空间非常有限，生态产品可再生能力、质量和生产力水平普遍偏低。另一方面，长期以来粗放式的发展对自然资源掠夺式的使用，对森林、湿地、草原等自然生态资源存续空间的恣意践踏，使许多地方的发展超出了生态容量和环境承载力，出现了生态赤字，生态产品也就成为了一种奢侈品、短缺品。现时代，随着社会的进步和人们生活水平的提高，特别是随着我国社会主要矛盾发展变化，人们对清新空气、健康食品、优美环境、良好生态的需求越来越强烈。生态产品的短缺与生态产品质量的低下，与人民群众日益增长的生态产品需求形成了较大的差距。必须着眼新时代社会主要矛盾变化，深刻把握良好生态环境是最公平的公共产品的深刻内涵，统筹把握好最公平的公共产品和最普惠的民生福祉之间的关系，把良好的生态环境作为党和政府必须提供的基本公共服务，实施绿色决策、科学决策，切实转变发展理念，树立新的政绩观、发展观，全方位、全过程、全系统满足人民群众日益增长的生态

---

① 〔美〕沃林：《文化批评的观念》，张国清译，商务印书馆2000年版，第3页。
② 《马克思恩格斯选集》第1卷，人民出版社1972年版，第254页。

产品需求。

一　深刻把握良好生态环境是最公平公共产品的基本内涵

生态环境是人民群众生活的基本条件和社会生产的基本要素，是最广大人民的根本利益所在。生态环境保护得好，全体公民就受益；生态环境遭到破坏，整个社会就遭殃。生态环境的状况和质量，直接影响着人们的生存状态，左右着社会的发展水平，决定着国家和民族的兴衰成败。经济的发展、社会的进步，既依赖自然资源，也或多或少对自然生态环境造成损坏和消耗。在社会发展的低级阶段，人们主要为生存而挣扎、努力求温饱，环境问题作为民生的范畴属性尚没有凸显出来。因而，在古典的福利经济学概念体系中，公共产品主要指的是需要社会付出而提供的医疗服务、教育资源、就业机会等，并不包括无须人类劳动付出即可免费获取的空气和水。

从严格意义上看，生态产品是以绿水青山为代表的高质量森林、草地、湿地、海洋等生态资产，能够维系生态安全、调节生态功能、为人们的生产生活提供良好人居环境的自然产品与服务。生态产品是生态资产释放生态价值的载体。在传统的农业社会，具有自然属性的生态产品的供应是相对充裕的；进入工业社会之后，制造业占据主导地位，自然生态产品数量锐减、质量退化、分布萎缩。与此同时，工业化生产的产品生态属性越来越缺失，并在生产等系列过程中对生态环境造成了一定的破坏。以破坏资源环境为代价的规模化、工业化、社会化的大生产，在一定程度上满足了人民对农产品、工业产品、服务产品的需求，有的甚至出现了产能过剩。但清新的空气、洁净的水体、清净的土壤、美丽的森林、多样化的物种、宜人的气候等自然生态产品的供给出现短缺，成为新时代经济社会发展需要补齐的短板。

现如今，随着生态环境问题的突出，生态环境公共产品的属性越来越明显，生态环境作为一种特殊的公共产品比其他任何公共产品都更重要。"最公平的公共产品"既强调了生态环境治理的政治站位，也强调了治理过程中的主体责任。一方面意味着，良好生态环境是全面建成小康社会中广大人民群众的热切期盼。环境就是民生，良好的生态环境成为人民群众生活质量的增长点。另一方面也明确了各级党委和政府在区域环境治理过程中的主体责任，必须坚持以问题为导向，提前规划、自觉引导，将绿色化要求贯穿于经济社会治理全过程，化被动为主动，积极主动推动环境治理现代化体系向前迈进。

二　统筹把握最公平的公共产品和最普惠的民生福祉

"为政之道，以顺民心为本，以厚民生为本。"党的十八大以来，以习近平同志为核心的党中央，对生态文明建设始终饱含深厚的民生情怀和强烈的责任担当，体现为习近平总书记念兹在兹的重大关切。他关于"良好生态环境是最公平的公共产品，是最普惠的民生福祉"的科学论断，把党的根本宗旨与人民群众对良好生态环境的现实期待、对生态文明的美好憧憬紧密结合在一起，是以人民为中心的发展思想在生态文明建设领域的生动诠释。从提升人民群众幸福指数、厚实民生之基的视角看，我国经济社会发展过程中的一系列生态环境问题，显然是重大民生工程的不到位。恰如习近平总书记所指出的："把生态文明建设放到更加突出的位置。这也是民意所在。"①

现时代，必须统筹把握最公平的公共产品和最普惠的民生福祉。在衡量标准里，既要重视"物"的标准，又要重视人的标准；既要看有形的指标，用科学合理的指标体系评估所取得的成绩，又要看无形的指标，把民众满意不满意作为重要的评判标准，让民众看得见、摸得着、感受得到、充分认可，让生态文明建设的成果真正惠及十几亿人口，建设经济、政治、文化、社会、生态全面发展的小康社会。

生态环境保护慢不得、等不起。从历史上看，一些重大环境问题成为生态产品短缺和生态产品供给侧的根本制约因素。在推进城市环境污染治理的同时，由于对环境保护重视不够，农村的生态环境保护状况又成为一个突出的问题。可以说，基于生态环境问题形成的生态产品短缺已经成为制约我国新时代乡村振兴战略的重大"短板"。

作为仍处于工业化城镇化进程中的发展中大国，如何在持续提升良好生态环境作为最公平公共产品的供给能力中全面回应人民群众的诉求和期盼，必须统筹把握最公平的公共产品和最普惠的民生福祉。

这是因为，增进民生福祉是坚持立党为公、执政为民的本质要求。我们党因人民而生、为人民而兴、由人民而强，全心全意为人民服务是党的根本宗旨。从建党之初到改革开放再到新时代发展，党中央都在为人民谋发展、谋幸福，检验这一切工作的成效，就是要看人民是否真正得到了发展福利，人民的生活条件是否得到了切实的改善。正如习近平总书记所指

---

① 转引自人民日报评论员《生态文明是民意所在》，《人民日报》2013 年 5 月 22 日。

出的："让老百姓过上好日子是我们一切工作的出发点和落脚点。"① 大力推进生态文明建设，让天更蓝、山更绿、水更清、环境更优美，既是满足城乡广大人民群众生态产品需求、践行"良好生态环境是最公平公共产品"的应有之义，还是我们党以人为本、执政为民理念的具体体现，是对人民群众生态产品需求日益增长的积极响应。

三 良好的生态环境是党和政府必须提供的基本公共服务

党的十九大提出中国特色社会主义进入了新时代，我国社会主要矛盾已经转化为人民日益增长的美好生活需要和不平衡不充分发展之间的矛盾。这个重大战略判断，对科学把握当前生态文明建设的主要矛盾尤其具有十分精准、有的放矢的指导意义。当前，人民群众对美好生活环境的向往、对环境权的维护、对公共生态产品的需求，与资源环境承载、生态公共产品供给、生态环境形势严峻之间的矛盾日益凸显。政治建设是生态文明建设的组织保障。各级党委和政府要按照党的十九届四中全会建立、健全和完善生态文明制度体系的要求，加大生态文明建设的政策机制和制度保障，不断拓展和丰富生态产品的公共产品属性，从理念理论、认识认知，行为行动、实干实践中，下大力气提供更多优质公共服务。

把良好的生态环境作为党和政府必须提供的基本公共服务，是坚持以人民为中心的发展思想的根本要求，是全面发展和建设社会主义的内在要求。党中央始终坚持在保护生态环境中增进民生福祉，尤其是党的十八大以来，以习近平同志为核心的党中央围绕生态文明建设提出一系列新理念新思想新战略，形成了习近平生态文明思想。同时坚持以民为本、以人为本执政理念，把解决突出生态环境问题作为民生优先领域。坚持以人民为中心的发展思想，反映了坚持人民主体地位的内在要求，彰显出人民至上的价值取向，回答了为什么发展、发展"为了谁"、发展依靠谁和发展成果由谁共享等一系列重大问题；而且主张人是发展的根本动力，回答了怎样发展、发展"依靠谁"的问题。自古以来，中国就有"得人心者得天下"的说法，"天地万物，唯人为贵"。社会主义的主要原则是公正和平等，包括社会公平和环境公平，社会正义和自然正义。生态文明以"人—社会—自然"复合生态系统整体化良性运行为目标，要求通过社会关系调整和社会体制变革，改革和完善社会制度和规范，按照公正和平等的原

---

① 《习近平谈治国理政》第3卷，外文出版社2020年版，第173页。

则，建立新的人类社会共同体以及人与自然和谐共生的命运共同体。党的十九届四中全会就生态文明制度体系建设作出战略部署，要求加快建立健全以生态环境治理体系和治理能力现代化为保障的生态文明制度体系，使生态文明建设系统性、整体性、协同性着力增强，重要领域和关键环节改革取得突破性进展。社会主义正是通过社会体制的变革，改革和完善社会制度和规范，从而形成有利于生态文明建设的体制机制。使各级党委和政府以"良好生态环境是最公平的公共产品，是最普惠的民生福祉"为根本遵循，不断提高生态产品供给能力和普惠民生的能力，使民生福祉得到全面改善。

把良好的生态环境作为党和政府必须提供的基本公共服务，是新时代切实转变发展理念，树立新的政绩观、发展观的内在要求。过去很长一段时期，关于保护与发展的关系，我们存在误区，认为环境保护与经济增长是相互独立甚至对立的关系。对发展的本质认识不够，把发展简单地等同于 GDP 的增长，没有意识到生态产品同样是人类生存发展的必需品之一，也没有生态环境的自然价值和自然资本的概念，在开发利用自然环境与资源的过程中未能正确处理人和自然的关系，对人的行为缺乏约束，造成了生态环境的破坏。过去存在两种错误观念，一是认为发展必然导致环境的破坏，陷入了唯生态论的死角；二是认为注重保护就要以牺牲甚至放弃发展为代价，从而成为懒政惰政的借口。同时，由于考核体系不完善，在错误政绩观引导下，一些地方在发展过程中一味追求 GDP，资源破坏浪费严重，重大污染事件频频发生。[①] 实践证明，不可能离开经济发展单独抓环境保护，更不能以破坏生态环境为代价去追求一时的经济发展。这种唯 GDP 至上的发展方式使少数人得利，却极大地损害了广大人民群众的共同利益，砸的是子孙后代的饭碗。对此，习近平总书记在参加河北省委常委班子专题民主生活会时的讲话中明确指出："要给你们去掉紧箍咒，生产总值即便滑到第七、第八位了，但在绿色发展方面搞上去了，在治理大气污染、解决雾霾方面作出贡献了，那就可以挂红花、当英雄。反过来，如果就是简单为了生产总值，但生态环境问题越演越烈，或者说面貌依旧，即便搞上去了，那也是另一种评价了。"[②]

---

① 杨维兵：《"两座山"背后是发展理念的嬗变》，红网，2015 年 3 月 8 日，https://hlj.rednet.cn/c/2015/03/08/3617796.htm。

② 习近平：《在参加河北省委常委班子专题民主生活会时的讲话》，载《习近平关于社会主义生态文明建设论述摘编》，中央文献出版社 2017 年版，第 21 页。

第三节 提供更多优质生态产品，不断满足 人民日益增长的优美生态环境需要

一 生态环境既是重大政治问题，也是重大社会问题

习近平总书记指出："生态环境是关系党的使命宗旨的重大政治问题，也是关系民生的重大社会问题。"① 《尚书》曰："道洽政治，泽润生民。"中国的生态环境问题不是孤立的，它涉及政治、经济和社会因素，是一个与人口、资源，特别是民生紧密相连的问题。

从发展战略看，在推进生态文明建设的国家战略下，要什么样的发展、怎样发展，已成社会共识，也带来很大变化。但必须看到，资源总量是一定的，生态系统的总容量也是有限的，如果说过去40多年的粗放型发展带来的环境问题、生态系统问题尚处在环境总容量的可自我调节范围，今天的环境问题，则已经使我们站在生态环境承载力的临界点、最高环境阈值。新时代的人民群众，不是对 GDP 增速不快不满，而是对生态环境不好不满。食物丰足了，但吃得不安全了；城市繁华了，但空气污染了。习近平总书记深刻指出："人民群众对环境问题高度关注，可以说生态环境在群众生活幸福指数中的地位必然会不断凸显。"② 必须坚持生态环境是重大社会问题的基本定位，让人民群众有更多"获得感"和"幸福感"。

坚持在发展中解决生态环境问题。生态环境问题实质是局部与整体、眼前与长远的关系问题，是重大的政治问题和社会问题。从 20 世纪 70 年代开始，我们国家就提出要避免走发达国家"先污染，后治理"的老路。但现在看来，我们没有完全避免。从国际视野看，当代世界的经济发展与生态环境格局，贯穿于全球关系中的两个根本性问题——东西矛盾和南北差距，经济政治发展不平衡和生态失衡的状态还将持续下去。就中国国内看，东部与西部、城市与农村、近郊与远郊、海洋与陆地、地上和地下、岸上和岸下，生态环境问题越来越呈现出复杂的治理格局。由于中国发展

---

① 《习近平谈治国理政》第 3 卷，外文出版社 2020 年版，第 359 页。

② 习近平：《在十八届中央政治局第六次集体学习时的讲话》（2013 年 5 月 24 日），载《习近平关于社会主义生态文明建设论述摘编》，中央文献出版社 2017 年版，第 100 页。

现状和复杂性极其特殊，世界上没有一个国家的成功经验可以帮助中国解决当前的所有问题。因为中国目前所要应对的挑战，是西方发达国家在过去 200 年里所遇困难的总和。这种复杂性和历史使命的特殊性是一股巨大压力，一种严峻的挑战。习近平总书记就此指出："中国现代化是绝无仅有、史无前例、空前伟大的。现在全世界发达国家人口总额不到 13 亿，13 亿人口的中国实现了现代化就会把这个人口数量提升 1 倍以上。走老路，去消耗资源，去污染环境，难以为继！"①

决不以牺牲环境为代价换取经济增长。改革开放后很长时期以来，坦诚且客观地说，我国也始终持续不懈地探求经济发展与环境保护双赢发展道路。但总体来看，环境形势总体恶化的趋势并没有得到根本遏制，重大环境事件时有发生。其中很重要的原因在于没有落实责任追究，尤其是对具有决策权的党政领导干部。不但如此，有些领导干部还不断升迁。习近平总书记就此指出，"不能把一个地方环境搞得一塌糊涂，然后拍拍屁股走人，官还照当，不负任何责任"②。"有些地方生态环境问题多发频发，被约谈、被曝光，当地党政负责人不但没受处罚，反倒升迁了、重用了，真是咄咄怪事！这种事情决不允许再发生！"③ 党的十八大以来，以习近平同志为核心的党中央将建立中央环保督察工作机制、长效机制和落实机制作为建设生态文明的重要抓手，严格落实《党政领导干部生态环境损害责任追究办法（试行）》，严格落实环境保护主体责任，不断强化环境保护"党政同责"和"一岗双责"的要求，人民群众反响强烈的生态环境保护难点重点问题和突出环境问题，取得阶段性新成效。特别是中央环境保护督察敢于动真碰硬、敢于"亮剑"，有效推动落实地方党委和政府及其相关部门的生态保护责任。环保党政同责，一岗双责已经或正在实现制度"破冰"，达到了环保督查的根本目标。

二　划定生态红线，严守生态底线，扩大生态空间

中国特色社会主义进入新时代，适应我国社会主要矛盾发展变化，提供更多优质的生态产品，以此来满足人民日益增长的优美生态环境需要。要牢固树立生态红线观念，坚持"山水林田湖是一个生命共同体"战略指

---

① 习近平：《在广东考察工作时的讲话》（2012 年 12 月 7—11 日），载《习近平关于社会主义生态文明建设论述摘编》，中央文献出版社 2017 年版，第 4 页。

② 习近平：《在十八届中央政治局第六次集体学习时的讲话》（2013 年 5 月 24 日），载《习近平关于社会主义生态文明建设论述摘编》，中央文献出版社 2017 年版。

③ 习近平：《推动我国生态文明建设迈上新台阶》，《求是》2019 年第 3 期。

导思想，坚持"绿水青山就是金山银山"的绿色发展理念，围绕实施"增量"和"提质"体系，保护和修复自然生态系统，扩大森林、湖泊、湿地面积，在重点生态功能区、重大生态工程区和各类自然保护地，实施生态系统质量提升工程；坚决打好污染防治攻坚战，加快补齐全面小康生态环境短板，着力解决群众反映强烈的突出环境问题。坚持以生态产品品种多样、服务品质提升为目标导向，拓宽绿色消费渠道，增加清洁空气、洁净饮水等优质生态产品的有效供给；优化生态保护的体制机制，从制度层面进行设计，探求维护生态系统整体功能、增强生态产品持续供给能力的体制机制。

牢固树立生态红线的观念。生态红线主要分为重要生态功能区、陆地和海洋生态环境敏感区（脆弱区）和生物多样性保育区等。在传统意义上，生态红线更类似于发达国家的生态用地概念。习近平总书记既高度重视推动全社会树立生态红线理念，强调在生态环境保护问题上，就是要不能越雷池一步；同时也强调理念落实的重要性及路径，提出因地制宜求发展，在发展中坚守底线，保护生态环境。比如，就陕甘宁革命老区的发展，习近平总书记就强调要科学规划，结合自然条件与资源分布，在发展中坚守住生态红线，让天高云淡、草木成荫、牛羊成群成为黄土高原的特色风景。又如，就雪域高原的保护，习近平总书记指出，"严格生态安全底线、红线和高压线，完善生态综合补偿机制，切实保护好雪域高原，筑牢国家生态安全屏障"①。基于此，要严格按照优化开发、重点开发、限制开发、禁止开发的主体功能定位，在重要生态功能区、陆地和海洋生态环境敏感区、脆弱区，规定并严守生态红线。

兜住基本生态系统服务和生态安全的最低标准线。当前，我国仍处于环境的高风险期，如果不采取最严厉的管控措施，生态环境恶化的整体态势就很难从根本上得到扭转，而且制定的其他生态环境发展目标也难以实现。我们之所以强调要牢固树立生态红线观念，不能越雷池一步，原因就在于，生态红线是国家生态安全的底线和生命线，是管控所有重要生态空间的实线，是必须严防死守的高压线。不能突破这条红线，一旦突破必将危及生态安全、人民生产生活和国家可持续发展。在"生态红线"作为数值概念的背景下，底线是确定红线的重要基础。人类的生存完全依赖于生态环境所提供的各类生态产品，不能超越生态承载力而无限度地索取。底

---

① 《习近平在中央第六次西藏工作座谈会上强调　依法治藏富民兴藏长期建藏　加快西藏全面建设小康社会步伐》，《人民日报》2015年8月26日第1版。

线一旦被突破，局面将无法挽回，需要实施严格的管理制度与措施。底线
具有政策法规的约束力后，也就成了红线。

三　实施系统修复治理，提升生态系统服务功能

山水林田湖草沙是一个生命共同体。自然界中的生物及群落通过能量
交换和物质循环与其生存环境相互作用，紧密相连，形成一个统一的整
体，这个整体就是生态系统。人类社会的一切活动都离不开自然界和自然
生态系统；生态平衡是整个生物系统维持稳定的重要条件，为人类提供适
宜的环境条件和稳定的物质资源。山水林田湖草之间是互为依存，又相互
激发活力的复杂关系；森林、湖泊、湿地是天然的水库，能够涵养水量、
蓄洪防涝、净化水质和空气，是良好生态产品的"母体"。如果其中某一
成分变化过于剧烈，就会引起一系列的连锁反应，使生态平衡遭到破坏。
习近平总书记深刻指出，"水稀缺，一个重要原因是涵养水源的生态空间
大面积减少，盛水的'盆'越来越小，降水存不下、留不住"[1]。"如果再
不重视保护好涵养水源的森林、湖泊、湿地等生态空间，再继续超采地下
水，自然报复的力度会更大"。[2]

全面实施山水林田湖草生态保护和修复工程。党的十八届五中全会
提出，"筑牢生态安全屏障，坚持保护优先、自然恢复为主，实施山水
林田湖生态保护和修复工程"。党的十九大提出，要统筹山水林田湖草
系统治理，实施重要生态系统保护和修复重大工程，优化生态安全屏障
体系，构建生态廊道和生物多样性保护网络，提升生态系统质量和稳定
性。这就是要按照山水林田湖草系统思维实现对水流、森林、山岭、草
原、荒地、滩涂等所有自然资源资产统一的确权登记，以此形成归属清
晰、权责明确、保护严格、流转顺畅、监管有效的自然资源资产产权制
度。从政府公共职责角度来看，要逐步健全国家自然资源资产管理体
制，稳步推进诸如水流和湿地产权等确权试点；从市场机制看，要使生
态产品体现市场价值。一方面，要使市场供求和资源稀缺程度反映生态
产品的市场价格；另一方面，要使生态产品体现基于对生态系统影响所
实现的生态价值。

---

① 习近平：《在中央财经领导小组第五次会议上的讲话》（2014 年 3 月 14 日），载《习近平
　关于社会主义生态文明建设论述摘编》，中央文献出版社 2017 年版，第 55 页。
② 习近平：《在北京考察工作结束时的讲话》（2014 年 2 月 26 日），载《习近平关于社会主
　义生态文明建设论述摘编》，中央文献出版社 2017 年版，第 52 页。

四　完善体制机制建设，系统提升生态产品供给制度体系建设

全面探索绿水青山就是金山银山的价值实现机制。作为习近平生态文明思想重大核心理念的"绿水青山就是金山银山""两山论"，实质是绿色发展理论的创新。在这里，生态就是资源、生态就是生产力。长期以来，我们习惯把人和生产工具这两个因素当作社会生产力，并把生产力理解为人们征服和改造自然的能力。但马克思主义经典作家从未把自然生态环境排除在社会生产力的组成要素之外。马克思在《资本论》中就用"劳动的各种社会生产力""劳动的一切社会生产力""劳动的自然生产力"等概念阐明生产力的丰富内涵。马克思主义生产力概念不仅包括人的劳动和创造力，还包括作为人类生存依托和劳动对象的自然界。特别是随着人类走向生态文明新时代，生态环境所涉及的方方面面无不与生产力有关，生态环境越来越成为重要的生产力。习近平总书记深刻指出："生态环境是经济社会发展的基础。发展，应当是经济社会整体上的全面发展，空间上的协调发展，时间上的持续发展。"① 在深入推动长江经济带发展座谈会上，习近平总书记强调，要积极探索推广绿水青山转化为金山银山的路径，选择具备条件的地区开展生态产品价值实现机制试点。探索生态产品价值实现，是建设生态文明的应有之义，也是新时代提供更多优质生态产品，不断满足人民日益增长的优美生态环境需要的基本路径。我们要以"两山论"为指导，坚持经济生态化和生态经济化基本实践道路，着力推动绿水青山常在，使自然界和自然生态系统持续不断提供优质生态产品，使人与自然和谐共生。

以绿水青山就是金山银山引领新时代乡村振兴和农业农村现代化。现时代，在已经实现决胜全面建成小康社会、决战脱贫攻坚历史性任务后，要按照习近平总书记"全面建设社会主义现代化国家，既要有城市现代化，也要有农业农村现代化"的重大论断要求，在推动乡村全面振兴上下更大功夫，推动乡村经济、乡村法治、乡村文化、乡村治理、乡村生态、乡村党建全面强起来。这即是说，完成了全面脱贫的我国乡村建设，要走向由"贫"变"兴"的乡村振兴和农业农村现代化新道路。对于一些生态环境基础脆弱、已经完成了脱贫但仍然相对贫困的地域和乡村，要通过改革创新，努力探索并走出一条生态脱贫的新路子，尽可能盘活、用足、用

---

① 习近平：《生态兴则文明兴——推进生态建设打造"绿色浙江"》，《求是》2003 年第 13 期。

好各类资源，核心仍在于既不能重新返贫，还必须让绿水青山常在。必须以习近平生态文明思想"绿水青山就是金山银山"的重大战略理念为指引，坚持保护生态环境就是保护生产力，改善生态环境就是发展生产力，正确处理好经济社会发展与环境保护的关系。力争在美丽乡村建设的过程中，最大化地将生态效益转化为经济效益、社会效益。

第六章 法制·机制·法治：加快构建生态文明制度体系

法治和制度是国家发展的重要保障，是治国理政的基本方式。党的十八大以来，我们党把制度建设摆到更加突出的位置，就生态文明制度体系建设进行部署，要求形成完备的法律规范体系、高效的法治实施体系、严密的法治监督体系、有力的法治保障体系。习近平总书记多次指出，"只有实行最严格的制度、最严密的法治，才能为生态文明建设提供可靠保障"①。党的十九届四中全会同样全面总结党领导人民在生态文明建设领域国家制度建设和国家治理方面取得的成就、积累的经验、形成的原则，继续从"实行最严格的生态环境保护制度、全面建立资源高效利用制度、健全生态保护和修复制度、严明生态环境保护责任制度"等方面，全面发力、多点突破、纵深推进，使生态文明制度体系建设系统性、整体性、协同性进一步增强。这对于进一步推动我国生态文明建设发生根本性、全局性、稳定性和长期性的深刻变革，具有十分重大的意义。

第一节 生态文明制度体系为美丽中国提供制度保障

一 深刻认识生态文明制度体系建设的重大意义

制度体系建设是能力建设的重要保障，构建更加成熟、更加定型的生态文明制度体系是高质量发展的历史逻辑所决定的。党的十八大以来，我

---

① 习近平：《在十八届中央政治局第六次集体学习时的讲话》（2013年5月24日），载《习近平关于社会主义生态文明建设论述摘编》，中央文献出版社2017年版，第99页。

们党把生态文明制度体系建设摆到更加突出的位置，并从"实行最严格的生态环境保护制度""全面建立资源高效利用制度""健全生态保护和修复制度""严明生态环境保护责任制度"等方面进行了具体部署。习近平总书记多次指出，"只有实行最严格的制度、最严密的法治，才能为生态文明建设提供可靠保障"[①]。特别是党的十九届四中全会全面总结党领导人民在生态文明建设领域国家制度建设和国家治理方面取得的成就、积累的经验、坚持的原则，继续完善、全面发力、多点突破、纵深推进，使生态文明制度体系建设系统性、整体性、协同性进一步增强，必将推动我国生态文明建设发生根本性、全局性、稳定性和长期性的深刻变革。

制度建设具有根本性、全局性、稳定性，对生态文明建设来说，制度建设尤其重要。党的十八大以来，我国生态环境建设的这样一个历史性成就，很值得总结并得出的一个基本经验，就是我们必须从制度方面比较，从顶层设计方面对生态文明建设继续加强体制机制的创新，以使生态文明建设始终处在一个稳定性、持续性和长远性建设的轨道上。党的十八届三中全会上，党中央提出全面深化改革，这其中，就明确地提出要构建系统完备的生态文明制度体系。现在，我国生态环境治理取得显著成就，尤其是我们在指导思想上确立习近平生态文明思想以来，我国生态文明建设和生态文明保护已经取得了历史性成就，发生了巨大变化。我们需要从顶层设计的角度，从这种更为系统完备的角度提出生态文明制度体系，加快生态文明体制机制改革。

总之，党的十八大以来，我们党关于生态文明制度体系建设的总体方向是体系化、理论化，把它放在新时代中国特色社会主义制度体系下去看，意义就尤其不同了。着眼未来，我们党更好领导人民进行生态文明建设的伟大工程、统筹推进"五位一体"总体布局、协调推进"四个全面"战略布局、建设人与自然和谐共生的现代化美丽强国，就必须加快推进国家治理体系和治理能力现代化，通过制度去内化、固化，努力形成更加全面、更加稳固的中国特色社会主义制度。

二　对生态文明制度体系建设进行全面部署

党的十八届三中全会提出要进一步深化生态文明体制改革。特别是在生态文明制度体系，包括自然资源资产管理制度、审计制度、领导干部责

---

① 习近平：《在十八届中央政治局第六次集体学习时的讲话》（2013 年 5 月 24 日），载《习近平关于社会主义生态文明建设论述摘编》，中央文献出版社 2017 年版，第 99 页。

任追究制度等方面，都做出了一系列部署。党的十九届四中全会是在党的十八届三中全会的基础上，对我们过去关于生态文明体制改革的总体态势、基本经验、基本成就的一个总结，是把生态文明制度体系放在新时代中国特色社会主义制度体系整体架构下推动，是生态文明制度体系前所未有的一个质的飞跃，制度改革红利非常大。可以说，这对于生态文明建设而言，是具有里程碑意义的。

从党的十九届四中全会关于生态文明制度体系建设的亮点和重点来看，党的十九大指出新时代我国社会主要矛盾发生了变化。进入新时代，人民群众由过去求"温饱"到现在开始盼"环保"，对美好生活需要日益广泛，不仅仅局限于对物质财富、经济生活的要求，对经济社会快速发展过程中人口、资源、环境压力持续加大的矛盾反映强烈。我们党正是从人民需求出发，不断完善中国特色社会主义制度、着力推进国家治理体系和治理能力现代化，从制度上明确生态文明建设的前进方向和工作要求，坚持方向不变、道路不偏、力度不减，推动新时代生态文明建设行稳致远。

正是在这个意义上，最大的亮点体现于把生态文明制度体系建设放在新时代中国特色社会主义制度这个大的体系之中，并将其作为一个优势，作为一个重点领域，强调其他制度对生态文明制度的一些引领、促进和保障作用，也强调生态文明建设制度对其他领域制度建设的促进和协同作用。这从本质上讲，也就是说，坚持中国特色社会主义道路，既要整体推进社会主义经济建设、政治建设、文化建设、社会建设和生态文明建设，又要在整体推进中全面体现生态文明建设的突出性地位，始终把握好生态文明建设和"五位一体"总体布局的内在逻辑一致。这种"五位一体"总体布局所体现的社会主义事业的全面性，体现在生态文明建设治理体系上，就是始终按照山水林田湖草沙系统治理思维推动生态文明建设。

回顾新中国成立70多年来我国生态文明建设的实践，一个时期以来，我们在实践中经常出现九龙治水的局面，管山的只管山，种草的只管种草，种树的只管种树，造成部门分割化、条块分割化现象特别明显。党的十八大以来，我们国家生态环境保护发生了历史性、转折性、根本性的变革。很重要的原因就在于我们在习近平生态文明思想指引下，大力推进了生态文明建设的制度体系这样一个深刻的变革。我们按照一盘棋、一个整体态势实现对生态文明建设的部署。

因此，党的十九届四中全会对生态文明建设制度体系，对生态文明国家治理体系和治理能力的现代化，也提出了很高的战略要求，做出了全面的部署。做出这种顶层设计和制度安排，最根本也是最重要的一点，在于它是一个关于生态文明制度建设的系统工程。

三　严明生态环境保护责任制度

习近平总书记指出："资源环境是公共产品，对其造成损害和破坏必须追究责任。"[1]"要建立责任追究制度，我这里说的主要是对领导干部的责任追究制度。"[2]中央生态环境保护督察制度，于 2016 年 1 月正式启动，由原环保部牵头成立，中央纪委、中央组织部参与，代表党中央、国务院对各省（自治区、直辖市）党委和政府及其有关部门开展环境保护督察。开展中央生态环境保护督察，是党中央、国务院为加强生态环境保护工作而采取的一项重大改革举措和制度安排。

2017 年，中央办公厅、国务院办公厅关于甘肃祁连山国家级自然保护区生态环境问题发出通报引发社会广泛关注。针对祁连山国家级自然保护区局部生态破坏严重的问题，依据中央环境保护督察移交生态环境损害责任追究问题问责情况，按照中央纪委决定，经甘肃省委、甘肃省政府批准，2018 年 3 月，甘肃省共对 218 名领导干部进行了问责处理。其中，祁连山国家级自然保护区生态环境问题问责 100 人，包括省部级干部 3 人，厅级干部 21 人，处级干部 44 人，科级及以下干部 32 人。这场被称为"史上最严"的环保问责风暴引发了全国各地干部群众的深刻反思。西北生态安全的重要屏障祁连山，也由此正经历着近半个世纪以来最大规模的生态环境整治。

党的十八大以来，我们推进全面深化改革，生态文明制度建设驶入"快车道"。总体看，党的十八大以来的十年间，在最严法治观这一理念的指导下，环境立法、环境执法、环境司法，人民群众环境保护的意识都有了非常大的提高。中国生态文明制度体系的四梁八柱已经建立，按照党的十九届四中全会决定的要求，我们持续加大对新的热点和难点环境问题开展制度建设，加强制度创新，促进了生态文明制度体系的形成和完善。

党的十九届四中全会提出，"社会治理是国家治理的重要方面。必须加强和创新社会治理，完善党委领导、政府负责、民主协商、社会协同、公众参与、法治保障、科技支撑的社会治理体系，建设人人有责、人人尽责、人人享有的社会治理共同体"。准确把握社会治理的科学内涵，是推

---

[1]　中共中央宣传部：《习近平总书记系列讲话读本》（2016 年版），学习出版社、人民出版社 2016 年版，第 240 页。

[2]　习近平：《在十八届中央的政治局第六次集体学习时的讲话》（2013 年 5 月 24 日），载《习近平关于社会主义生态文明建设论述摘编》，中央文献出版社 2017 年版，第 100 页。

进社会治理体系完善的逻辑起点。具有完备的法治体系，具有统筹全局的能力，有克服政府领导与基层协调不足的信心，才能在真正意义上实现"民有所呼、我必有应"。无论是保障社会稳定、生态安全、安全生产，还是推进社会治安、城市文明、城市治理，都需要充分发挥党委、政府的统筹谋划作用，必须形成政府主导，企业主责，公众参与的多元共治的制度责任体系。

四 建立系统完整的生态文明制度体系

习近平总书记指出："建设生态文明，必须建立系统完整的生态文明制度体系，用制度保护生态环境。要健全自然资源资产产权制度和用途管制制度，划定生态保护红线，实行资源有偿使用制度和生态补偿制度，改革生态环境保护管理体制。"①

早在20世纪80年代初，环境保护作为中国一项基本国策，中国环境保护法律体系得到逐步完善。1982年9月，党的十二大在北京举行。邓小平主持大会开幕式，向全党发出了"建设有中国特色的社会主义"的新号召，宣示全面开创社会主义现代化建设新局面。是年12月，按照党的十二大提出的到20世纪末经济建设的战略部署，全国人大五届五次会议正式批准了第六个五年计划，即"六五"计划。在该计划中，明确提出"加强环境保护，制止环境污染的进一步发展"，不单如此，还提出了在今天看来仍然具有很强时代意义的新表述，如"大力降低物质消耗特别是能源消耗，使生产资料的生产同消费资料的生产大体协调"②。

在这种背景下，1983年12月至1984年1月召开的第二次全国环境保护会议，在总结我国环保事业经验教训的基础上，贯彻落实十二大精神，稳步实施"六五"计划，就从战略上对环境保护工作在社会主义现代化建设中的重要位置做出了重大决策，这就是将环境保护确立为我国的一项基本国策，从而使加强环境保护事业，统筹环境保护和经济社会发展，建设生态文明，推动社会全面绿色转型，成为一代又一代中国共产党人决策和战略思考的重要驱动力。

从20世纪80年代初至1989年12月《中华人民共和国环境保护法》的正式颁布和实施，《水污染防治法》（1984年5月）、《森林法》（1984

① 习近平：《在党的十八届四中全会第一次全体会议上关于中央政治局工作的报告》，《人民日报》2014年10月21日。
② 《中华人民共和国国民经济和社会发展第六个五年计划（1981—1985）》，人民出版社1983年版。

年9月）、《草原法》（1985年6月）、《矿产资源法》（1986年3月）、《土地管理法》（1986年6月）、《大气污染防治法》（1987年9月）、《水法》（1988年1月）等单项环保法律法规相继制定和颁布。上述一切表明，中国的环境保护在邓小平时代形成了以宪法为核心、以环境法为基本法、以部门法和地方法律为补充的环境保护法律体系，进入了法制化轨道。环境保护法律体系成为我国社会主义法律体系的重要组成部分。

党的十八大以来，以习近平同志为核心的党中央更加重视生态文明制度体系的建设，全面推动生态文明建设国家治理体系和治理能力现代化。从实际成效看，党的十八届三中全会以来，中国在生态文明改革上迈出了坚实的步伐，无论是在法律法规建设方面，还是在体制机制改革方面，都做出了扎实有效的工作，其力度是前所未有的。本着系统、科学、可操作的原则，按照问题导向，绩效导向的要求，一批目标明确、可操作性强的政策措施集中出台，生态文明制度框架已完成顶层设计，以八项制度为核心的制度体系初见雏形，正在对相关改革形成引领和倒逼，绿色循环低碳产业体系正在建立，生态环境领域中人民群众关心的一些重大问题得到初步解决，事关人民身体健康的空气、水土污染问题得到逐步控制、缓解和改善，生态环境恶化的势头被遏制，人民群众幸福感持续提升、获得感不断增强。

第二节　以全面深化改革引领生态文明建设[①]

习近平总书记指出："改革开放是决定当代中国命运的关键一招，也是决定实现'两个一百年'奋斗目标、实现中华民族伟大复兴的关键一招。"[②] 他多次强调，改革开放只有进行时没有完成时，改革开放中的矛盾只能用改革开放的办法来解决。基于此，我们要不断深化对生态文明体制改革的认知，围绕"中国梦—深化改革—生态文明体制改革—生态文明制度—生态文明制度体系"的主线脉络，牢固树立社会主义生态文明观，紧紧围绕建设美丽中国深化生态文明体制改革，推动形成人与自然和谐发展的现代化建设新格局。

---

① 黄承梁：《以制度体系建设开创生态文明建设新格局》，《中国环境报》2013年11月21日。

② 中共中央文献研究室：《习近平关于全面深化改革论述摘编》，中央文献出版社2014年版，第3—4页。

一　全面深化生态文明体制改革的逻辑脉络

一是坚持问题导向，改革方向明确。围绕"加快生态文明制度建设""改革必须于法有据，必须按照规则办事""坚持绿色发展，加强生态文明建设"重点工作，坚持问题导向，认真梳理整体框架以及各项具体改革任务的关键点，我国生态文明的立法工作进程明显加快。在填补已有的法律空白的同时，对已有法律法规中不适应当前发展需要和矛盾冲突重复的条款进行修订，法律法规配套及时。党的十八届三中全会以来，已完成相关立法与修订，出台配套行政法规，使各项改革有法可依，威慑力和可行性增强。特别是新环境法的颁布实施，为生态环境保护提供了强大的法律武器。总体看，新《中华人民共和国环境保护法》整体框架已经建立，路线图和时间表明确，正在向达成总目标迈进。

二是主体责任逐级落实，责任链条明确。从中央部委到省市乃至县一级，各项改革任务逐级确定，各级职能部门工作边界较为清晰，专项小组将出现的新情况新问题以及各地的有益的改革尝试及时上报中央，多个部委牵头的改革任务在执行中保持协调，凝聚了改革力量，保证了各项任务的协调推进。省市县按照党中央国务院出台的各项改革意见积极抓落实，结合当地实际制定实施细则，并密集进行调研和督查，以确保各项改革举措真正落到实处。

三是系统性和集成性好，政府运转及职能部门履责效能提高。生态文明改革总体方案中，多数涉及政府职责，加强环保督政、环境审计和责任追究等制度改革推动各方履职尽责，特别强调了自然资源资产所有者职责的统一，用途管制职责的统一，环境保护职责的统一，各项工作紧张有序地进行，提高了政府运转及职能部门履责效能。

四是协同发力，体制机制改革全盘活力有所增强。生态文明体制改革坚持问题导向，对准瓶颈和短板，精准对焦、协同发力，初步形成相互协调、相互支撑的良好局面。党的十八届三中全会以来，仅中央层面就出台了若干有关改革意见和实施方案，群众密切关注且反映强烈的生态环境问题普遍得到及时回应，应急能力显著提高，为山青水绿天蓝提供了有力保障。而且，随着改革的深化，生态文明建设与体制机制改革的全盘活力明显增强，对经济、社会、文化与政治体制改革形成良好的支撑。全国上下积极行动，已取得了丰硕的阶段性成果。

二　在中央统一立法背景下充分调动地方积极性

环境立法务必实事求是，这要求"标准要适当，要与国力相适应，不是越高越好。某些经济比较发达、环境问题严重的地区，可制定较为严格的地方标准"①。在我国现行的政治框架体制下，环境政策的制定者和环境立法者在注意中央统一立法的同时，必须兼顾地方因地制宜性和调动地方积极性的问题。

近年来，环保督察体制在各地具体执行过程中出现的一些问题，也能够有力佐证这一问题。如前所述，我国环境立法大致遵行的模式是"中央立法＋地方执法"，实践中经常出现地方执法背离中央立法精神。为了促使地方严格依据中央立法精神执法，中央通常对地方执法进行监督。具体就生态环境保护而言，自 1974 年国家成立国务院环境保护领导小组办公室以来，尽管机构名称已随历史发展多有变化，但中央生态环境监管机构始终肩负的一个重要职责就是监督地方层面的生态环境保护状况。我国早期的环境监督制度便发轫于 2006 年原环境保护部的"挂牌督办"制度。当初设立的主要目标是监督各地企业，对地方政府几乎毫无影响。鉴于"督企"具有较大的局限性，这一制度随后演变成以"督政"为核心的中央生态环境监督机制，即中央生态环境监督机构可以直接监督地方政府的生态环境保护绩效。以"党政同责"为目标的中央环保督察制度因此产生，这项重大的生态环境监督制度改革产生了较大的社会影响。

三　探求中央环保督察工作机制的学理支撑

为了向全面推进环境保护督察巡视提供规范依据，为落实环境保护党政同责提供行动指南，中央全面深化改革领导小组第十四次会议审议通过了《环境保护督察方案（试行）》，提出建立中央环保督察工作机制，采取有力措施严格落实环境保护主体责任等制度。中央环保督察制度在实践中取得了一定的成效，对地方党委和政府忽视或者破坏生态环境的行为形成了巨大威慑。但是，中央环保督察制度在实际运行中也暴露出一些法律问题，督察权力的法律依据、督察机构的法律地位、督察行为的规范效力、督察责任的追究程序等缺乏明确规定，督察制度本身与现有法律制度缺乏有效衔接。

中央环保督察制度除了面临上述各种法律问题之外，它目前面临的最

① 《曲格平文集 4：中国的环境管理》，中国环境科学出版社 2007 年版，第 29 页。

大法律挑战是如何合理划分中央和地方的生态环境监管权限,这是一个非常重要但被学界忽视的问题。在我国生态环境监管体制改革中,生态环境监管的"属地化原则"是改革的重要指导原则之一,这种"分权化趋势"的核心是赋予地方政府更高的环境自治权。但是,中央环保督察具有较强的生态环境保护中央再集权的倾向,它与生态环境监管改革中所推动的分权化存在冲突,能否正确处理相关冲突直接影响中央环保督察制度的成败。

从现行的《环境保护督察方案(试行)》所规定的中央环保督察种类和内容来看,中央环保督察内容整体上具有很强的政策性和非常态性,特别是其中一些督察内容具有较强的政治性和主观性,这导致地方政府无法事前预测和据此行事,极易导致地方党政领导忙于"应付"督察巡视的局面,不利于环境监管属地化改革趋势,更不利于地方政府有效协调经济发展和环境保护。

基于此,应当进一步规范中央环保督察内容及其分类,明确划分中央环保督察的权力边界,基于"权责对等"原则明确地方党委、政府的环境保护"责任清单",合理制定中央对地方政府实施环保督察的流程,创建地方政府对中央环保督察结果的异议表达程序。鉴于我国各地经济发展和自然生态禀赋存在较大差异的实际情况,中央环保督察制度必须防止在全国"一刀切",相关法律制度的设计应该体现共同但有区别责任原则。为了确保在中央环保督察制度中实现中央和地方的合理分权,需要创设相应的法律制度加以保障,这需要从中央环保督察组织法、中央环保督察行为法、中央环保督察程序法和中央环保督察责任法等角度全方位进行完善和构建,它们有效协调的运作是中央环保督察制度产生良好社会效果的重要法制保障。

四　推动中央和地方的关系从威权治理向协同治理转变

充分发挥因地制宜最大功效要求,适应环境治理中中央和地方角色转变形势,中央和地方的关系要从威权治理(地方是中央环境决策的执行者)向协同治理(更加强调发挥地方的积极性和主动性)转变。实践中,中央和地方的环境合作治理呈现多样化趋势。

当然,实践中如何协调中央统一立法和属地化与分权化并非易事。譬如,基于中央统一立法的中央环保督察制度与环境监管属地化和分权化趋势相违,如何在中央和地方生态环境监管权限划分中有效平衡两者关系是环保督察法制完善的一大挑战。将来的法律制度应当明确规范中央环保督察的督察内容和督察边界，为此应该创设中央和地方生态环境监管分权的"责任清单"制度，并配之合理的环保督察实施流程。

第三节　推动环境立法始终体现以人民为中心的发展思想

习近平总书记指出："实现中华民族伟大复兴中国梦的过程，本质上就是实现社会公平正义和不断推动人权事业发展的进程。要坚持中国人权发展道路，顺应人民对高品质美好生活的期待，不断满足人民日益增长的多方面的权利需求，统筹推进经济发展、民主法治、思想文化、公平正义、社会治理、环境保护等建设，全面做好就业、收入分配、教育、社保、医疗、住房、养老、扶幼等各方面工作，在物质文明、政治文明、精神文明、社会文明、生态文明协调发展中全方位提升各项人权保障水平。"[1] 在人权的构成脉络中，对环境权利的保护不断在国际和国内的人权保护议程中得到重视。中国共产党立足本国国情，领导中国人民进行经济建设、政治建设、文化建设、社会建设和生态文明建设，社会主义"五位一体"总体布局不断丰富和拓展，生态文明建设基础作用更加凸显。党的十八大以来，我国将生态文明建设提升至前所未有的高度。延续 2009 年首期国家人权行动计划，我国在历期人权行动计划中，均将生态环境保护以及环境权利作为公民在经济、社会和文化权利方面的重要组成部分，迄今已连续制定四期。第四期国家人权行动计划将"环境权利"单列一章，表明国家对公民环境权利的保护提升至新的高度，也预示着中国人权事业内涵不断丰富和拓展。

一　国家人权行动计划的缘起及其功能定位

为响应联合国制定国家人权行动计划的倡议，我国积极参与全球人权治理的具体实践并制定了四期国家人权行动计划，行动计划成为落实尊重与保障人权的政策指南。在其功能上不断推进国家治理能力与治理体系现代化，以公共事务目标进行治理，联结法律与社会治理，塑造全球人权治理的话语权。

---

[1] 习近平：《坚定不移走中国人权发展道路　更好推动我国人权事业发展》，《求是》2022年第12期。

（一）国家人权行动计划的缘起

国际层面上，1993 年 6 月 25 日，世界人权大会通过了《维也纳宣言和行动纲领》。纲领在第二部分合作发展和加强人权中规定："世界人权会议建议每个会员国考虑是否可以拟订国家行动计划，认明该国为促进和保护人权所应采取的步骤。"此后，许多国家相继开启了制定国家人权行动计划的探索之路。2002 年 8 月 29 日，联合国人权高专办发布了《国家人权行动计划手册》（Handbook on National Human Rights Plans of Action），手册介绍了国家人权行动计划的发展，规定了国家人权行动计划的基本原则、结构、如何执行及其评估等重要内容，这对我国 2009 年首次制定国家人权行动计划提供了重要的行动导向。《国家人权行动计划手册》从准备阶段到发展执行阶段，再到审查评估阶段均作出了详尽的指导性建议（见图 6-1）。为响应联合国制定国家人权行动计划的倡议，基于国家人权政策的确认，我国首次制定了《国家人权行动计划（2009—2010 年)》。

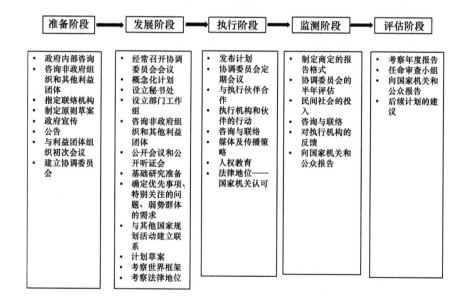

图 6-1　国家人权行动计划进程（图解)①

国内层面上，经过 40 多年波澜壮阔的改革开放，我国的人权和法治

---

① UN. Office of the High Commissioner for Human Rights, *Handbook on National Human Rights Plans of Action*, 29 August 2002.

建设取得了显著进步。自 1991 年中国政府首次发布《中国的人权状况》白皮书到 1997 年党的十五大"人权"首次成为党领导国家建设的主题，再从 2004 年第十届全国人民代表大会第二次会议上，新的宪法修正案高票获得通过，"国家尊重和保障人权"被写入宪法到 2007 年党的十七大将其写入党章，这一系列事件标志着人权已成为中国共产党和中国政府治国理政的重要原则之一。① 首期国家人权行动计划于 2009 年 4 月 13 日由国务院新闻办公室发布。行动计划旨在采取切实有效的措施促进人权事业发展，促进政治、经济、文化、社会权利的切实保障。

伴随"十二五"规划纲要、"十三五"规划纲要、"十四五"规划纲要与"人民日益增长的美好生活需要和不平衡不充分的发展"的社会矛盾的深刻转变，我国进入社会主义新时代，并结合了经济发展与人权保障的现实需求，高瞻远瞩，又相继制定了三期国家人权行动计划：《国家人权行动计划（2012—2015 年）》《国家人权行动计划（2016—2020 年）》《国家人权行动计划（2021—2025 年）》。据不完全统计，截至 2021 年 7 月，已有 58 个国家制定了 85 期本国的国家人权行动计划。② 中国特色社会主义人权事业上升至新的发展高度。国家人权行动计划成为落实尊重与保障人权的重要行动指引，中国人权事业借由人权工作目标与具体措施，实现人权保障的价值追求。四期国家人权行动计划从指导原则、工作目标、权利内容、责任主体、国家义务等多方面的考量，不断确立或调整行动计划的规则设计，确保其理论与实践在人权政策指引上科学合理。

（二）国家人权行动计划的功能定位

习近平总书记指出："我国是世界上唯一持续制定和实施四期国家人权行动计划的主要大国。"③ 这将不断引领我国迈入更加完善的人权保障之路。整体而言，国家人权行动计划是尊重与保障人权的伟大实践过程中依据国家发展现状制定具体人权行动目标，探索渐进式路径的重要尝试。

1. 推进国家治理能力与治理体系现代化的重要工具选项

将人权保障纳入国家发展战略，是中国共产党领导下推进国家治理能

---

① 高全喜：《〈国家人权行动计划〉值得期待》，《法制日报》2008 年 11 月 9 日；蒋娜：《人权保障与刑法变革关系辨析——以〈国家人权行动计划〉为切入点》，《人权》2009 年第 1 期。

② 张万洪：《止于至善：我国〈国家人权行动计划〉的发展历程及新进展》，《人权》2021 年第 5 期。

③ 习近平：《坚定不移走中国人权发展道路　更好推动我国人权事业发展》，《人民日报》2022 年 2 月 27 日。

力与治理体系现代化的辉煌成果。实现充分人权是"中国人民和政府的一项长期的历史任务"①。四期国家人权行动计划是国家人权保障的重要成果。重视和发挥好社会力量及其规范化治理的建设性作用，有利于提高国家治理能力与治理体系的现代化，有利于在全社会普及和促进人权保障。我国从经济建设、政治建设、文化建设"三位一体"总体布局到相继增加社会建设、生态文明建设"五位一体"的总体布局。前三期国家人权行动计划，根据对公民权利的划分，规定了经济、社会、文化权利，公民政治权利，特殊人群的权利保障以及国际人权义务。第四期国家人权行动计划尤为关注公民的环境权利，这是习近平生态文明思想的重要体现，赋予了"两山论"在环境权益保障中的深刻意蕴。

2. 以整体战略观对公共事务进行目标治理

我国的国家人权行动计划，形成了运用整体知识对公共事务进行目标治理的中国特色的人权事业发展模式。② 现实公共事务治理中，由于无法预知形态各异的公共事务的优先次序，便无法通过确定性规则加以规定。此时便需要以整体目标为导向的价值衡量与决策，从而面临着急需预先行动计划引导公共事务目标治理的问题。通过制定内容符合我国每一发展阶段国情的国家人权行动计划，以整体国家战略观，有意识地系统把握公共事务中经济、政治、文化、社会、生态的制度安排，引导资源的有效配置，确保人权保障落实的方方面面。环境治理是最典型的公共事务，生态文明建设绝非一个孤立的问题，需要以整体战略观为指导，将"五位一体"的总体布局紧密结合，树立正确的生态文明理念，不断推进"绿色发展、循环发展、低碳发展"，真正实现中华民族的永续发展。

3. 以政策为导向，形成人权政策与法律的良性互动

作为法治国家，法律是确认和保护人权的最重要手段，权利是人权的主要表现形态。③ 改革开放以来，我国将法治、发展和人权结合起来。以政策为导向，有利于促进人权政策与法律的良性互动，发挥人权政策文件的积极作用。在生态文明建设的大背景下孕育出新的人权观念——环境权、生态权，便成为法治新要求，要求通过立法形式予以确认，法治便能够高效地回应人民对环境权、生态权之需求。国家人权行动计划属于尚不具有法律约束力的倡导性人权文件，但具有较强的政策指引性，这为政策

---

① 国务院新闻办公室：《中国的人权状况》，中央文献出版社1991年版。

② 付子堂：《发展权与中国人权事业大发展》，《人权》2017年第1期。

③ 汪习根等：《中国梦与人权发展》，人民出版社2019年版，第262页。

或法律层面人权保障措施的落实奠定基础。与人权相关的国家政策文件是法律与社会治理之间的一座桥梁。[①]

4. 引领全球人权治理的新格局

自 2009 年制定首期国家人权行动计划以来，我国以更加积极的姿态深度参与全球人权治理，共建人类命运共同体理念不断被全球各国广为接受并高度重视，人类命运共同体理念已成为全球人权治理与国际人权话语体系的重要组成部分。前三期国家人权行动计划制定了"人权教育"或"人权教育和研究"的规定，第四期国家人权行动计划改为"参与全球人权治理"，在联合国人权理事会贡献中国方案，做出中国贡献，并且不断完善全方位、多层次的行动计划评估机制。在 2021 年联合国人权理事会的决议中已正式确认享有清洁、健康和可持续环境的权利是一项人权。而我国第四期国家人权行动计划明确承认环境权在人权中的重要地位，与联合国人权理事会有关环境权的决议一脉相承，这充分体现了我国不断引领全球人权治理的新格局，塑造全球人权治理话语权的功能定位。

二　国家人权行动计划下环境立法进程

法治是环境权益最有效的保障。1972 年 6 月 5 日，瑞典斯德哥尔摩会议通过了《人类环境宣言》，首次在文本中定义了环境权，宣言诠释了人类在良好的环境生存的基本权利与当代人和后代人在环境权利上的代际公平。《国家人权行动计划（2009—2010 年）》在国内立法尚未确立环境权的情形下，以人权政策为导向，确立起环境权及其相应的行动计划。自制定《国家人权行动计划（2009—2010 年）》以来，我国环境立法进程依据时间分期如下。

（一）试验期（2009—2010 年）

《国家人权行动计划（2009—2010 年）》是中国政府促进和保障人权的阶段性政策文件，其内容覆盖政治、经济、社会、文化等各个领域。同年，党的十七届四中全会将生态文明建设提升到社会主义"五位一体"总体布局。有关环境权利的规定在第一部分"经济、社会和文化权利保障"之中有所体现。首期国家人权行动计划在经济、社会和文化权利中明确规定环境权利，将环境权利视为公民一项主要的人权。保障公民环境权益是贯彻"人与自然生命共同体"与可持续发展理念的重要表达。基本要求在于合理开发利用自然资源，建设资源节约型、环境友好型社会。我国环境

---

① 柳华文：《改革开放 40 年与中国人权发展道路》，《世界经济与政治》2018 年第 9 期。

立法进入了首期行动计划指引下的试验期，在 2009 年至 2010 年间中央层面我国修订、颁布了二十余部环境法规范文本。2009 年至 2010 年间，我国相继修订了《可再生能源法》《水法》《煤炭法》《矿产资源法》《森林法》《草原法》等十一部环境法律，同时全国人大常委会通过了《海岛保护法》和《关于积极应对气候变化的决议》。国务院通过了《防治船舶污染海洋环境管理条例》《规划环境影响评价条例》《消耗臭氧层物质管理条例》等在内的五部环境行政法规以及一系列行政规范性文件，国务院办公厅发布了有关自然保护区、能源节约、节能减排、推进大气污染联防联控工作改善区域空气质量指导意见等内容的规范性文本。

（二）平稳增长期（2012—2015 年）

《国家人权行动计划（2012—2015 年）》中，环境权利属于经济、社会和文化权利的重要组成部分。相较于首期国家人权行动计划侧重于对环境污染防治的总体性规定，第二期国家人权行动计划已落实于环境领域诸如土壤污染、大气污染、饮用水水源污染以及海洋污染等的具体问题与突出问题。在《国家人权行动计划（2012—2015 年）》期间，生态文明立法进程进入平稳增长期，我国环境立法修订与新增了四十余部环境法规范。

2012 年至 2015 年，我国相继修订了《清洁生产促进法》《渔业法》《海洋环境保护法》《固体废物污染环境防治法》《大气污染防治法》《环境保护法》等九部环境法律。2014 年《环境保护法》被称为史上最严环保法，其中涉及了环保组织提起公益诉讼、按日连续计罚责任承担方式等规定。国务院分别于 2013 年和 2015 年发布了《大气污染防治行动计划》（"气十条"）和《水污染防治行动计划》（"水十条"），用以指导改善空气质量，落实区域性、流域性水体的污染防治，压实地方责任，强化公众参与环境治理。2015 年党中央、国务院印发了《关于加快推进生态文明建设的意见》和《生态文明体制改革总体方案》，为生态文明体系建设确立起包含建立健全自然资源资产产权制度、生态文明绩效考核和责任追究制度等八项改革制度在内的顶层设计。同年，中共中央办公厅、国务院办公厅发布了《生态环境损害赔偿制度改革试点方案》《党政领导干部生态环境损害责任追究办法（试行）》，开始探索生态环境损害制度与党政领导干部的环保责任追究机制。我国的生态环境保护法律制度经历着深刻的变革与调整。

（三）高速发展期（2016—2020 年）

《国家人权行动计划（2016—2020 年）》坚持创新、协调、绿色、开放、共享的新发展理念，绿色是重要一环。在基本原则方面，前两期国家

人权行动计划均规定了"依法推进、全面推进、务实推进"的三原则作为
制定和指导国家人权行动计划的基本原则。第三期计划升级为"依法推
进、协调推进、务实推进、平等推进、合力推进"五原则。保障人民享有
各项人权的平等性，政府、企事业单位、社会组织合力推进人权事业的发
展。协调推进强调重视计划本身的阶段性，达到均衡性效果。①

　　《国家人权行动计划（2016—2020 年）》强调实行最严格的环保制度，
监管机关、公民、企业之间形成合力以解决突出环境问题。深入落实"十
三五"规划纲要，2016 年至 2020 年间我国修订、颁布了数量近五十部、
内容更加完善、监管更为严格的环境法规范。2016 年至 2020 年，全国人
大常委会通过了《环境保护税法》《长江保护法》和《生物安全法》在内
的三部新设法律和 2018 年宪法修正案，修订了《固体废物污染环境防治
法》《海洋环境保护法》《节约能源法》《环境影响评价法》《电力法》
《循环经济促进法》以及《野生动物保护法》等十余部法律。国务院发布
了具体实施方面的《环境保护税法实施条例》《自然保护区条例》。五年
间，中共中央办公厅、国务院办公厅发布了一系列环保执法改革、生态文
明体制改革的政策性文件。一方面，在环境执法改革方面，2016 年至
2017 年两办发布了《省以下环保机构监测监察执法垂直管理制度改革试点
工作的指导意见》《关于深化环境监测改革提高环境监测数据质量的意见》
和《关于建立资源环境承载能力监测预警长效机制的若干意见》。同时，
国务院办公厅也发布了生态环境保护综合行政执法的有关规定，以之作为
生态文明法治的重要一环。另一方面，在生态文明体制改革方面，有关流
域生态环境治理的，如关于推行河长制、湖长制的有关指导意见；有关生
态环境损害赔偿制度改革方案；有关国家公园的保护方面，建立国家公园
体制总体方案；继福建首个全国生态文明示范区之后，贵州、江西、海南
相继成为试验区试点；统筹推进自然资源产权制度改革的意见以及中央环
保督察工作的实践探索。2016 年国务院发布了《土壤污染防治行动计划》
（"土十条"），与大气、水污染防治行动计划形成重要合力，凸显了我国
对环境要素的重视。2020 年，国务院办公厅发布了自然资源领域以及生态
环境领域中央与地方财政事权和支出责任划分改革方案，以期建立权责明
确、财力协调、科学合理的央地财政关系。

---

　　① 张万洪：《止于至善：我国〈国家人权行动计划〉的发展历程及新进展》，《人权》2021
　　　年第 5 期。

（四）发展完善期（2021 年至今）

我国已进入高质量发展阶段，社会主要矛盾已经转化为人民日益增长的美好生活需要和不平衡不充分的发展之间的矛盾，新时代人权保障事业迈入了新的发展阶段，第四期国家人权行动计划设立专章规定了环境权益的保障，彰显"绿水青山就是金山银山"的绿色发展理念。

自 20 世纪 80 年代以来，我国环境法学界有关环境权的研究已蔚为大观。《国家人权行动计划（2021—2025 年）》指出，借由党和国家方针政策的顶层设计，通过顶层设计指引环境立法、严格执法与公正司法，以实现公民环境权益的保障作用。2021 年至今，我国又通过了数量已超三十部的环境法规范。2021 年全国人大常委会通过了《噪声污染防治法》《湿地保护法》《海警法》，修订了我国《草原法》，共四部法律。国务院通过了《地下水管理条例》和《排污许可管理条例》，发布了自然资源资产产权管理、国家公园试点、"十四五"期间节能减排、推行河湖长制、加强生物多样性保护等规定的一系列规范性文件。为响应国际国内实现双碳目标的发展战略，党中央、国务院发布了《关于完整准确全面贯彻新发展理念做好碳达峰碳中和工作的意见》和《2030 年前碳达峰行动方案》，以期为我国经济建设提供重要指引。2021 年《黄河流域生态保护和高质量发展规划纲要》是流域生态环境治理的重要指引，在黄河流域生态保护和高质量发展战略指引下，不断深化流域治理体制和市场化改革。

三　国家人权行动计划下环境权向生态权的时代嬗变

国家人权行动计划通过明确环境权及其阶段性目标、评价机制作为指引生态文明建设顶层设计与生态文明法治化路径的行为指南。通过此阶段环境立法的进程梳理，结合四期国家人权行动计划的相关规定，借以揭示为满足人民美好生活需求，我国环境权向新时代生态权的时代嬗变。环境权向生态权的时代嬗变以单一环境治理向生态文明建设转变为载体而展开。

（一）《国家人权行动计划（2009—2010 年）》：秉持可持续发展观切实保障公民环境健康权益

国家人权行动计划是推进国家治理能力与治理体系现代化的重要工具选项，这是其重要的功能定位。《国家人权行动计划（2009—2010 年）》在确立公民环境权，保障公民环境权益的具体计划的落实层面发挥了行动指引作用。对公民环境权利的保障以及经济社会与环境保护的可持续发展是国家治理能力与治理体系现代化的重要体现，在此指引下，我国秉持可持续发展观切实保障公民环境健康权益，开始探索环境权的实施保障。

第一，首次在法律层面回应气候变化应对问题。我国属于典型碳密集型的发展中国家，碳排放总量大，强度高。在气候变化领域面临着诸多压力，相较于已实现能源转型的发达国家，在提高能效与实现经济效益方面尚存在一定差距。① 2009 年，全国人大常委会通过了关于积极应对气候变化的决议，这是我国首次在法律层面明确气候变化应对问题。此后，我国相继利用增加林业碳汇、治理退化草地、提高能效以及应用可再生能源等气候变化减缓与应对措施以回应气候变化问题。《国家人权行动计划（2009—2010 年）》评估报告显示，截至 2010 年年底，我国在森林覆盖率、草地退化治理等方面或超额完成首期国家人权行动计划的目标。②

第二，发展可再生能源与节能减排。首期国家人权行动计划规定了 2010 年可再生能源消费比例提升至能源消费总量 1/10，在 2005 年国内生产总值能耗基础上降低 1/5 左右的发展目标。实际报告显示，到 2010 年底，单位国内生产总值能耗已实现首期国家人权行动计划的预期。③ 在能源法治建设方面，2009 年至 2010 年间，我国相继修改了《可再生能源法》《电力法》《煤炭法》等能源法规范。

第三，完成机构改革后的国家环境保护部，环境行政职能进一步提升。2008 年 7 月，国家环保总局升格为国家环境保护部，隶属国务院组成部门之一。由国务院直属机构改革为国务院组成部门，彰显了环境决策与环境管理在我国重视程度的不断提升，环境保护意识不断强化。国家环境保护部承担了"大格局""小职能"的机构使命，④在"大格局"方面，环保部依然负责全国的环境监管、监测，环境规划、政策标准的制定以及各地间的环保事务的协调等工作。在"小职能"方面，具体的环保管理工作在职能上与其他部门存在重叠或环保部本身职能缺失，不利于环境执法工作的有效运行。例如，海洋环境的污染防治归属于原国家海洋局，国家环保部只负有陆地上的污染防治职能。

① 何建坤、刘滨、王宇：《全球应对气候变化对我国的挑战与对策》，《清华大学学报》（哲学社会科学版）2007 年第 5 期。
② 中华人民共和国国务院新闻办公室：《〈国家人权行动计划（2009—2010 年）〉评估报告》，人民出版社 2011 年版，第 22 页。
③ 中华人民共和国国务院新闻办公室：《〈国家人权行动计划（2009—2010 年）〉评估报告》，人民出版社 2011 年版，第 22 页。
④ 赵绘宇：《资源与环境大部制改革的过去、现在与未来》，《中国环境监察》2018 年第 12 期。

第四，践行环境与健康行动。《国家环境与健康行动计划（2007—2015）》是我国首个环境与健康领域的纲领性文件，在其分阶段的发展目标中，确立了在 2007 年至 2010 年，协调环境与健康风险评估机制、现状调查、强化监管与科学研究以及相关法规范或标准的评估的要求。① 首期国家人权行动计划规定了落实上述计划的要求。从评估结果来看，2010 年全国化学需氧量和二氧化硫的排放量与 2005 年相比，显著降低了 1/10，持续开展针对重污染行业企业等的专项检查与污染隐患排查。空气污染状况有所改善，一定程度上改善了公众环境健康权益。

（二）《国家人权行动计划（2012—2015 年）》：强化制度设计着重解决突出环境问题

就生态文明建设而言，国家人权行动计划以政策为导向，形成政策与环境法律的良性互动，这是计划的功能定位之一。一方面，这有利于环境政策与法律间的转化，另一方面，也是从倡导性计划规定到强制性规定的转化，有利于强化环境制度设计着重解决突出环境问题。《国家人权行动计划（2012—2015 年）》指出，我国大力推进生态文明建设，重点加大对大气污染、水污染防治、重金属以及危化品监管领域的整治力度。在此阶段，我国强化以下制度设计着重解决突出环境问题，生态文明建设下的生态权的价值属性开始显现。②

第一，赋予适格社会组织提起环境民事公益诉权。《国家人权行动计划（2012—2015 年）》规定了"修改环境保护法"的行动计划之一，作为生态文明体制改革的重要举措。在 2014 年《环境保护法》第 58 条和 2012 年《民事诉讼法》第 55 条"公益诉讼原则"条款③基础上，确立起原告适格的限制要件。环境公益诉讼在各国形式各异，如美国公民诉讼、德国利他团体诉讼等形式。我国环境公益诉讼伴随立法的精细化不断迈入新发展阶段。一方面，环境污染和生态破坏不断加剧并逐渐威胁到人类，环境公益诉讼机制以公共信托为理论基础，具有聚合扩散性利益的功能。另一方面，从域外经验来看，公益诉讼制度的确能够遏制环境污染与生态破坏行为，因此我国有必要确立行之有效的环境公益诉讼制度，只要制度设计符合我国国情。从而达到维护环境公益，促进公众参与的良性效果。

---

① 陶良虎、刘光远、肖卫康：《美丽中国：生态文明建设的理论与实践》，人民出版社 2014 年版，第 144 页。

② 中华人民共和国国务院新闻办公室：《国家人权行动计划（2012—2015 年）》，人民出版社 2012 年版，第 22 页。

③ 张卫平：《民事公益诉讼原则的制度化及实施研究》，《清华法学》2013 年第 4 期。

第二，环境信息公开与公众参与。公民环境权益的保障要求确立起"政府为主导、企业为主体、社会组织和公众共同参与的环境治理体系"[①]，加快生态文明建设步伐。新环保法以设立专章的形式从内容上规定了环境信息公开与公众参与机制。在内容上覆盖了公众环境信息知情权、广泛参与权以及监督举报权，各级人民政府环境信息公开的职责和具体内容，重点排污单位、建设项目环评信息披露义务以及公众的司法救济途径。环境保护领域的公众参与不仅局限于末端参与，应当是关注事前、事中、事后全过程性的参与。[②] 我国环境信息公众参与机制逐渐形成了以公众权利为本位，包含参与类型、参与阶段、参与过程（主体、内容与方式）、信息反馈的框架设计。[③]《国家人权行动计划评估报告（2012—2015 年）》显示，我国在 2012 年至 2015 年间完成了环境保护法的修改，确立起保障公民环境信息知情权、参与权在内的法律保障与责任追究机制。

第三，生态环境损害赔偿的制度探索。生态环境损害赔偿制度是维护区域性环境正义的有效手段。[④] 强化生态环境损害赔偿制度的约束作用本身又为环境治理赋予了多元化手段和强力保障。2015 年生态环境损害赔偿制度改革试点方案贯彻了"损害者担责""污染者付费"的基本原则，规定了生态环境损害赔偿义务人的责任范围，赔偿权利人的确定以及磋商程序等内容，旨在解决生态环境本身受损后的修复、救济与责任承担问题，实现外部成本的内部化。该制度是"人与自然生命共同体"的时代诉求的外在反映，有利于威慑污染环境或破坏生态的不法行为。[⑤]《党政领导干部生态环境损害责任追究办法（试行）》旨在压实各级领导干部生态环保职责，保障生态环境损害赔偿制度在试点城市的监管主体责任。

（三）《国家人权行动计划（2016—2020 年）》：推动生态文明建设系统性、整体性、协同性变革

以整体战略观对环境公共事务进行目标治理是国家人权行动计划的重要功能定位。《国家人权行动计划（2016—2020 年）》旨在保护环境权利，以行动计划为指引，将"五位一体"的总体布局紧密结合，树立正确的生

---

① 习近平：《决胜全面建成小康社会　夺取新时代中国特色社会主义伟大胜利——在中国共产党第十九次全国代表大会上的报告》，人民出版社 2017 年版，第 51 页。

② 吕忠梅：《环境法新视野》，中国政法大学出版社 2000 年版，第 258、259 页。

③ 张晓文：《论我国公众参与环境保护法律制度的完善》，《法学杂志》2010 年第 10 期。

④ 龚天平、饶婷：《习近平生态治理观的环境正义意蕴》，《武汉大学学报》（哲学社会科学版）2020 年第 1 期。

⑤ 张梓太、吴惟予：《我国生态环境损害赔偿立法研究》，《环境保护》2018 年第 5 期。

态文明理念，不断推进"绿色发展、循环发展、低碳发展"，统筹推进生态文明建设系统性、整体性、协同性变革，形成多元共治的环境治理新格局。党的十九大召开以来，我国生态文明建设形成了体系更为完备、内容更为丰富、环境法治更加健全的环境权益保障机制。2016—2020 年间我国完成了生态文明宪治的转变等历史性变革。

第一，生态文明环境宪治的转变。宪法在我国具有最高权威性统领地位，是保障生态文明法治实践的规范依据。2018 年宪法修正案，一方面，对我国社会主义法制体系建设具有重要意义，环境上位法的宪治条款被补足，[①] 统合环境法制的基本价值基础，引领其他部门法的绿色化价值理念，实现党内法规与国家法律的有机统一与协调转化。另一方面，生态文明宪治的转变是中国共产党的执政方针与可持续发展理念的有力支撑。生态文明宪治为人民生态环境需求创造了制度保障，是马克思主义自然生产力思想在中国语境下进行的伟大实践，促进了我国环境治理的现代化进程。最后，环境宪治条款的整体性诠释有助于环境、发展与人权的关系。宪法修正案序言中增添了"生态文明""新发展理念""构建人类命运共同体"的规定，在第八十九条规定了国务院的环境监管职责，确认了生态文明在国家战略目标中的定位。

第二，流域生态环境治理的探索性实践。流域生态环境治理以生态系统整体性和生态系统服务功能的公共性为起点，实现流域协同治理、整体性治理的目标，解决流域治理碎片化问题。[②] 习近平总书记曾就流域生态环境治理指出，要"优化流域监管与行政执法职能配置"[③]，实现流域保护的整体成效。基于我国"行政发包制"的特殊模式和部门职能交叉的特性，流域治理面临着执法协同动力不足、司法协同性不足等挑战。我国《水污染防治法》规定了独具特色的"河长制"，随之在 2018 年关涉湖泊的"湖长制"应运而生，"河长制"改革实行纵向行政分包，由各级党委、行政主要负责人分级作为各级"河长"，以分级分段管理的组织形式，通过严格的考核评价机制，结合跨部门的资源整合和公众参与等措施形成压力传导保障机制的高效运行[④]。2020 年，全国人大常委会通过了《长江

① 张震、杨茗皓：《论生态文明入宪与宪法环境条款体系的完善》，《学习与探索》2019 年第 2 期。

② 彭本利、李爱年：《流域生态环境协同治理的困境与对策》，《中州学刊》2019 年第 9 期。

③ 沈传亮：《全面深化改革：十八大以来中国改革新篇章》，人民出版社 2017 年版，第 145 页。

④ 黎元生、胡熠：《流域生态环境整体性治理的路径探析——基于河长制改革的视角》，《中国特色社会主义研究》2017 年第 4 期。

保护法》，开创了长江流域"共抓大保护，不搞大开发"的新格局，打破了原有的条块分割界限，以"流域空间思维"创新流域治理。①

第三，绿色民法典的颁布施行。2020 年通过的《民法典》是中国特色社会主义法治的重要转折点，我国迈入了法典化时代。《民法典》第九条确立起"绿色原则"，以民法的基本原则回应环境问题。"绿色原则"不是仅仅充当宏大政治叙事的倡导性原则，而是贯穿于《民法典》始终，在物权编、合同编、侵权责任编也确立起有关协调发展，公民个人环保义务，绿色交易，生态环境损害赔偿等相关规定。基于生态环境的动态性与复杂性，使得实现公民个人利益和环境利益的动态平衡面临着诸多挑战。②《民法典》在侵权责任编以第 1229 条至第 1235 条之规定，层次性拓展了环境侵权的救济范围和环保功能。《民法典》第 1232 条，规定了生态环境侵权的惩罚性赔偿，惩罚性赔偿的制度功能同时包含了补偿、惩罚和威慑效果。③ 这是绿色《民法典》独具特色的制度之一，也是饱受争议的制度之一。因此绿色《民法典》在司法实践中的具体功效尚需时间来检验。

第四，自然资源产权制度改革。自然资源管理体制的关键问题是自然资源资产产权制度，这也是生态文明体制改革的重要一环。自然资源资产产权是包含自然所有权、使用权与管理权等在内的复合型权利，兼具有生态性与经济性特征。④ 因此，所涉及的法律关系较为复杂。2019 年《关于统筹推进自然资源资产产权制度改革的指导意见》规定了改革的主要任务，主要包括健全自然资源资产产权体系，科学建构；明确产权主体，保障各方主体的广泛参与；探索统一调查监测评价制度；加快资产的确权登记、整体性保护与集约型开发利用，推动系统修复与合理补偿，强化监管机制。充分发挥政府规制与市场化要素配置体制机制的形成与完善。《国家人权行动计划（2016—2020 年）》具有较强的针对性，直指生态环境、增强产权保护等当前社会面临的重点问题。第三期国家人权行动计划中增设了"财产权利"的规定，明确健全归属清晰、权责明确、保护严格、流转顺畅的现代产权制度，推进产权保护法治化。⑤

---

①　吕忠梅：《关于制定〈长江保护法〉的法理思考》，《东方法学》2020 年第 2 期。
②　郑少华、王慧：《绿色原则在物权限制中的司法适用》，《清华法学》2020 年第 4 期。
③　李艳芳、张舒：《生态环境损害惩罚性赔偿研究》，《中国人民大学学报》2022 年第 2 期。
④　康京涛：《自然资源资产产权的法学阐释》，《湖南农业大学学报》（社会科学版）2015 年第 1 期。
⑤　中华人民共和国国务院新闻办公室：《国家人权行动计划（2016—2020 年）》，人民出版社 2016 年版，第 10 页。

第五，国家公园的体制试点。在国土空间开发保护制度中，建立国家公园体制是其重要组成部分，也是生态文明体制改革总体方案的基本设想，国家公园的试点是近年来我国大力试图推进的自然资源保护方式。2017 年，国务院发布了建立国家公园体制总体方案，探索国家公园的试点经验。2019 年建立以国家公园为主体的自然保护地体系成为指导。国家公园体制试点范围主要涉及国家禁止开发区域，在功能分区、生态保护等方面进行有益探索，形成高效、统一的管理机制，推进部门协调、规划引领、资金保障和公众参与机制。① 目前，国家公园法草案已完成论证与起草工作。

第六，优化环保央地关系：省以下环保机构监测监察垂直管理与环保督察。2016 年，中共中央办公厅、国务院办公厅发布了《关于省以下环保机构监测监察执法垂直管理制度改革试点工作的指导意见》，垂直管理机制的改革是我国生态环保领域中央地关系的重要变革，有利于解决"条块管辖，以块为主"的体制弊端，省以下"以块为主"的环保监管体制，使得地方易发生规制俘获、不当干预环保执法、责任推诿等现象。省以下环保机构监测监察执法改革，有利于加强环保机构规范化建设与环保能力建设，增强环境监测监察执法的独立性与权威性。就环保督察而言，基于我国央地分权的现状，为确保地方党委的环保职责到位，环保督察应运而生。"党政同责"和"一岗双责"的要求，成为制度落实的有力保障。

（四）《国家人权行动计划（2021—2025 年)》：促进绿色低碳新发展引领全球生态治理

以绿色低碳发展促进国家治理能力与治理体系现代化，并引领全球生态治理的新格局是国家人权行动计划的两大功能定位。从聚焦国内环境问题到国际视角引领全球生态治理，《国家人权行动计划（2021—2025 年)》以政府规划与实际行动相结合推进生态文明建设。这也体现了行动计划更为重视实际行动之特点。制定和实施行动计划的目标之一即坚持绿水青山就是金山银山理念。推进生态文明建设，建设美丽中国。② 以促进绿色低碳新发展引领全球生态治理为抓手，真正实现环境权向生态权的时代转向。

第一，应对气候变化的双碳行动。《国家人权行动计划（2021—2025

---

① 钟林生、肖练练：《中国国家公园体制试点建设路径选择与研究议题》，《资源科学》2017年第 1 期。

② 中华人民共和国国务院新闻办公室：《国家人权行动计划（2021—2025 年)》，人民出版社 2021 年版，第 3—4 页。

年)》提出了应对气候变化的计划内容。一方面，在能源环境法治的变革与完善方面，我国正加紧推进。碳达峰、碳中和目标愿景的实现需要加大能源低碳发展和能源效率的显著提升，不断深入开展能源革命。2021 年《关于完整准确全面贯彻新发展理念做好碳达峰碳中和工作的意见》中指出，要"深化产业结构，构建清洁安全高效能源体系"，能源革命需要重点规制电力、钢铁等高碳行业，加大对节能减排技术的资金支持，在制度完善方面，完善用能权交易机制、碳排放权交易机制等，构建碳达峰、碳中和"1 + N"政策体系。同时，双碳目标的实现需要循序渐进，科学推进，应当及时纠正地方"运动式减碳""拉闸限电""一刀切"的不当行为。

在参与全球气候治理方面，鉴于气候变化问题的全球性特征，全球气候变化需要各国合力应对，树立人类命运共同体意识和人与自然生命共同体理念，以国家自主贡献（NDC）秉持各国的各自能力原则，采取减缓或适应性气候应对措施。我国积极参与全球气候治理，是国际气候治理体系变革的重要力量，"双碳"时代要发挥好全球气候治理的参与者、贡献者和引领者作用。

第二，绿色消费制度的完善。消费是国民经济发展的"三驾马车"之一，实现国家绿色发展战略需要加快推动绿色消费，绿色消费模式对绿色发展与可持续发展战略至关重要。① 习近平总书记明确提出了要大力发展绿色消费，② 要增强生态产品生产能力。③ 在习近平生态文明思想绿水青山就是金山银山"两山论"的重要理念指引下，推行绿色消费制度将成为解决资源危机与环境保护问题的必然选择。推动绿色消费需要公众社会形成合力，其核心是培育个人良好的绿色消费习惯。然而，绿色消费偏好面临经济激励不足、信息披露不全面等难题。

我国绿色消费法律体系以宪法为指导，并由诸多引导或促进绿色消费的法律规范或政策形成。当下，我国尚无绿色消费制度的专门性法律，但诸多其他单行法律、行政法规均涉及此项内容。④ 2014 年《环境保护法》对单位和个人的环保义务有所规定，在多部单行法中，诸如《消费者权益保护法》积极引导消费者购买绿色产品，同时《节约能源法》《环境保护

---

① 秦书生、杨硕：《习近平的绿色发展思想探析》，《理论学刊》2015 年第 6 期。
② 《研究当前经济形势和经济工作》，《人民日报》2013 年 4 月 26 日第 1 版。
③ 《坚持节约资源和保护环境基本国策 努力走向社会主义生态文明新时代》，《人民日报》2013 年 5 月 25 日第 1 版。
④ 岳小花：《绿色消费法律体系的构建与完善》，《中州学刊》2018 年第 4 期。

税法》等从能源节约与应税企业或生产经营者的角度，对消费过程中的资源利用、行为规制与激励等方面进行了相应的制度完善。伴随"十四五"规划、"十四五"节能减排综合工作方案以及关于加快建立健全绿色低碳循环发展经济体系的指导意见等规范的落地，绿色消费制度正逐步完善。

第三，法典化时代下环境法典的希冀。环境法是典型的领域法，我国环境法规范在数量上、规制领域等方面呈现蔚为大观之景象。近年来，在习近平法治思想和习近平生态文明思想的双重指引和作用下，我国环境法规范激增，宪法、法律、法规、规章、环境政策以及环境标准等承载了环保之重任。但蔚为大观的环境法规范缺乏体系建构，这对环境法治的建设与完善不利。① 而体系化的重要探索是环境法法典化的探索。出于政治决策与环境法规范体系化的重要考量，我国环境法法典化时代即将来临。囿于环境法本身概念并不明晰，缺乏共识性基本原则，并且在内容上不具有稳定性，知识储备欠缺。② 因此，环境法典的编纂面临着诸多挑战。环境法应当具备较强适应性，学界普遍认为环境法典应当"适度法典化"或"解法典化"。我国环境法典编纂工作正加紧稳定推进，需要明确法典化只是手段，如何构建法典的具体内容，在根本上取决于如何构建生态文明体制。一方面，应当重视体例结构的探讨；另一方面，内容上需要厘清环境法典的核心范畴与价值机理。

四 以人民为中心的发展思想着力推动环境权向生态权转变

环境权向新时代生态权的嬗变揭示了党的领导下生态环境治理既一脉相承又与时俱进的传承与创新。生态环境具有典型的公共产品属性，因而对其普惠性与公平性具有内在要求。改革开放以来，以资源环境为代价的规模化工业化大生产已被相继淘汰，为了保护和改善环境我国通过了数量众多的环境法规范。在党的领导下对生态环境的治理既一脉相承又与时俱进。为了促进经济社会与环境保护的可持续发展，解决"公地悲剧"问题，我国从首期国家人权行动计划以来便开始重视公民环境权，并将环境权作为提升民生福祉的重要成分。党的十八大以来，以习近平同志为核心的党中央高度重视生态文明建设，推动我国生态文明建设发生了历史性、转折性和根本性变化。生态权是基于环境权益的保障，以"新发展理念""两山论"为指引，切实转变发展理念，树立新发展观的内在要求。四期

---

① 吕忠梅、窦海阳：《民法典"绿色化"与环境法典的调适》，《中外法学》2018 年第 4 期。

② 郑少华、王慧：《环境法的定位及其法典化》，《学术月刊》2020 年第 8 期。

国家人权行动计划是我国尊重与保障人权的伟大举措，更是尊重环境权益的重要行动指引，在各期行动计划规定的时间过后，均对应了权威评估机构与评估制度下的评估报告，并设有监督保障机制以确保其科学性与合理性。

环境权向生态权的转变是不断满足人民日益增长的优美生态环境需要的系统性权利转向。中国特色社会主义进入了新时代，这需要适应我国社会主要矛盾发展变化，不断满足人民日益增长的优美生态环境需要。环境权向生态权转变正是基于我国社会主要矛盾转向的基本要求。其最终目标是造福百姓，让人民群众提升"幸福感"，实现民生福祉最大化。法治是环境权和生态权最有效的保障。国家人权行动计划下我国环境立法经历了试验期、增长期、高速发展期与沉淀期，立法愈发呈现精细化与科学性特征，在探索环境公益诉讼，生态环境损害赔偿机制等方面实现了生态文明体制改革的重要成就。可以说，环境权向生态权的转变，实现了由保障公民环境权益、解决突出环境问题到推进生态文明建设的系统性整体性变革，满足了人民日益增长的优美生态环境需要。

环境权向新时代生态权的嬗变是引领全球生态治理新格局的时代诉求。第四期国家人权行动计划关注到气候变化、生物多样性与环境污染三大全球生态危机。应对全球生态危机，需要各国树立人类命运共同体意识。2021年联合国人权理事会决议已正式确认享有清洁、健康和可持续环境的权利是一项人权。新时代背景下，我国积极参与全球环境与气候治理，作出力争2030年前实现碳达峰、2060年前实现碳中和的庄严承诺，体现了负责任大国的责任担当。新发展理念是生态文明建设的方法论和战略举措，生态文明建设又体现新发展理念的内在要求，体现了环境权向生态权转变的时代诉求之应有之义。全球生态治理需要人类命运共同体、人与自然生命共同体、新发展理念等中国智慧与中国方案合力应对。

第七章　生态安全·流域·法制机制：加快构建生态安全体系

　　生态安全是指生态系统的健康和完整情况，是人们正常的生产生活过程中，不受环境污染和生态破坏的保障程度。在中国经济社会的蓬勃发展态势下，国民生活质量和生活水平不断提高，但却不断打破生态环境的平衡状态，由此导致的生态危机问题严重威胁公共安全。鉴于生态安全对中国社会而言，整体属于新生事物。在这种背景下，首先从我国生态安全相关研究进行学术史梳理，回顾我国学界针对生态安全的研究历史现状，分析各个时期生态安全研究的热点，判断我国生态安全学术研究中存在的问题，以此为未来发展研究提供对策和建议。

　　流域在我国政治、经济和文化中扮演了积极的角色，事关国家经济带、生态带和经济社会系统发展，事关中华民族永续发展，事关中华民族伟大复兴。① 譬如，长江流域涉及 19 个省、自治区、直辖市。又如，中华文明 5000 年，有 3000 多年历史的黄河流域是全国政治、经济、文化中心。黄河始于青藏高原，沿线流经青海、四川、甘肃、宁夏、内蒙古、陕西、山西、河南以及山东等 9 个省区，全长 5464 千米，是我国仅次于长江的第二大河，流域沿线集聚着兰州—西宁城市群、宁夏沿黄城市群、呼包鄂榆城市群、关中平原城市群、晋中城市群、中原城市群和山东半岛城市群等多个国家级城市群。黄河水资源总量仅为长江的 7%，承担着全国 12% 人口、17% 耕地、50 多个大中城市的供水任务，水资源利用率高达 80%，人均水资源占有量仅为全国平均水平的 27%。随着流域沿线城市经济规模的不断扩张，以及各地对流域生态环境的忽视，流域生态环境污染问题已成为我国政府面临的一大难题：制约我国经济和社会可持续发展。②

----

① 参见黄承梁《推动黄河流域生态保护和高质量发展》，《红旗文稿》2022 年第 8 期。
② 黄鹏辉：《淮河流域水资源保护专门立法路径探究》，《中国政法大学学报》2021 年第 2 期。

我国的生态环境治理整体上是一种基于行政区划的生态环境治理模式，它强调地方政府基于政治性的行政区划负责本辖区的生态环境保护。然而，以行政区划为基础的生态环境监管模式并不适合流域生态环境监管，因为流域生态环境系统超越了行政区划的政治边界，它需要一种基于流域的生态环境规制模式。

近年来，国家一直推进流域生态环境监管体制改革，希望借此改善流域生态环境治理效果，最瞩目的当属 2020 年 12 月 26 日十三届全国人大常委会第二十四次会议通过的《中华人民共和国长江保护法》（以下简称长江保护法）和 2021 年 10 月 8 日国务院常务会议通过的《中华人民共和国黄河保护法（草案）》（以下简称黄河保护法草案）。在长江保护法和黄河保护法草案的制定过程中，一项重要的议题是在将流域生态环境监管权上升到中央层面是重要的价值导向的语境下，如何在中央的统一领导下充分发挥地方的作用，如何合理配置中央和地方在流域生态环境治理过程中的权责？

第一节　基于国家安全的生态安全内涵及其建设

自然不仅给人类提供了生活资料来源，如肥沃的土地、渔产丰富的江河湖海等，而且给人类提供了生产资料来源，如石油、木材等，人的生存发展依赖于自然界。自然界是一个生态系统，即自然生态系统，是在一定时间空间内生物与生物、生物与环境之间构成的有机统一整体，在一定时期内处于相对稳定的动态平衡状态的系统。人与自然相互作用，在自然生态系统基础上，形成了半自然生态系统，如农田生态系统，以及人工生态系统，如城市生态系统。生态安全是自然生态系统与人类生存的生态系统的安全，包括自然生态系统的安全，即森林、草原、湿地、海洋等系统的安全；人工生态系统的安全，即城乡、经济、社会的安全；生物链的安全，即动物、植物、微生物等安全。

随着人类社会的发展，人们对自然生态系统及环境变化的认识不断深入，也逐渐认识到威胁人类生存发展及地球家园的生态安全问题。保障生态安全的内涵从环境安全、资源短缺、生态系统退化或破坏等层面不断深化发展，实践中不断探索遏制环境污染、水土流失、荒漠化，以及森林、草地、湿地等减少退化问题的措施路径。中国立足于人与自然和谐共生、共建地球生命共同体，赋予了保障生态安全的新内涵。

一　提升了生态安全的认识高度

生态安全，对于一个国家而言，指具有支撑国家生存发展的较为完整、不受威胁的生态系统，以及应对内外重大生态问题的能力。对于全球而言，指人类生存环境或生态条件不受自然资源短缺、生态环境破坏的威胁，人类采取一些措施减轻生态风险、减除环境灾难，生态系统保持相对完整和健康，资源环境持续满足人类发展需要，形成经济社会与生态环境协同共进的地球家园。在中国特色社会主义建设中，对生态安全的认识提升到了一个新高度。

生态安全与政治安全、军事安全和经济安全一样，都是事关大局、对国家安全具有重大影响的安全领域；生态安全是生态系统健康性和系统完整性，体现为坚持山水林田湖草沙及土壤的生命共同体的系统整体性原则；生态安全是人类在生产、生活和健康等方面不受生态破坏与环境污染等影响的保障程度，体现为坚持"以人民为中心"原则；危害生态安全造成的后果往往不可逆转，对人类的生存危害往往长久乃至于永久存在，体现为严格执行生态保护红线为底线的生态安全思想，攻坚战与持久战相结合策略；生态安全问题往往跨区域或跨国界，任何局部区域生态破坏都有可能导致全局性问题，任何一个国家都不可能置身事外，体现为共同构建地球生命共同体的方略。保障生态安全，原则上要"统筹发展和安全，增强忧患意识，做到居安思危"，国际社会携手同行，共同保障全球生态安全、促进全人类永续发展。

二　将生态安全纳入国家安全体系

随着对生态环境问题认识的深入，直面经济发展带来的环境恶化、生态破坏问题，立足于中国特色社会主义建设实践，以不断满足人民日益增长的美好生活需要，着眼于国家长治久安和中华民族永续发展，中国日益明确了生态安全在国家安全中的地位，为加快构建生态安全体系给予了有力保障。

第一，生态安全形势危害到国家安全、全球安全。

全球生态安全形势依然严峻。生物圈是生态系统最活跃的因素，生物多样性是生命支持系统最重要的组成部分，维持着生态系统良性循环，是人类生存及可持续发展的必不可少的基础。全球生物栖息地快速退化和丧失，生物多样性丧失直接威胁生态安全。联合国环境规划署（UNEP）《生物多样性和生态系统服务全球评估报告（2019）》显示，66%的海域正受

到越来越大的累积影响，85%的湿地已经消失。过去 50 年里，在有详细
评估记录的 21 个国家的动植物种群中，平均约有 25%的物种受到威胁，
意味着大约有 100 万种物种已经濒临灭绝，目前全球物种灭绝速度比过去
1000 万年的平均速度高至几十到几百倍。根据世界经济论坛（WEF）
2020 年 6 月发布的《自然风险的上升》，全球 76 亿人口仅占地球生物总量
的 0.01%，但是造成了地球上 83%的野生哺乳动物灭绝、50%的植物消
失，全球生态安全形势十分严峻。

中国具有地球陆生生态系统的各种类型，是世界上物种最丰富的国家
之一，中国生态安全对于全球生态安全具有重大意义。中国生态系统脆
弱，生态安全形势依然严峻，全国中度以上生态脆弱区域占陆地国土面积
的 55%，森林覆盖率 23.04%，乔木纯林面积占乔木林比例 58.1%，森林
生态系统稳定性较低；草原生态系统整体仍较脆弱，中度和重度退化面积
仍占 1/3 以上；水生态安全问题突出，部分河道、湿地、湖泊生态功能降
低或丧失；土地沙化、水土流失问题依然严峻，近岸海域生态系统整体形
势不容乐观。森林、草原、湿地等重要生物栖息地不断退化或丧失，生态
系统破坏严重，生态环境风险较大。没有生态安全，国家安全、全球安全
就失去了重要的基础保障，不能有效保障人类的生命安全。

第二，生态安全纳入国家安全体系的过程。

我国是一个多山的国家，生态系统相对比较脆弱，自古重视生态安全
问题。新中国成立后，我国开始重视粮食安全、生态建设问题。毛泽东同
志发出了"植树造林、绿化祖国"的号召，在新中国第一部具有临时宪法
作用的《中国人民政治协商会议共同纲领》中明确提出，"保护森林，并
有计划地发展林业"。毛泽东同志高度重视环境卫生安全，领导开展了全
国范围的消灭血吸虫病、麻风病、疟疾、鼠疫、霍乱等传染性疾病的人民
战争，欢呼胜利写下了《七律二首·送瘟神》。改革开放后，积极响应和
推进可持续发展，推动了环境污染防治、资源保护，1979 年颁布了中国第
一部环境法律《中华人民共和国环境保护法（试行）》，1983 年将环境保
护作为一项基本国策，并持续推动了环境污染治理、退耕还林还草、天然
林保护、治沙防沙、生物多样性保护等行动。进入 21 世纪，中国从深层
次反思传统的工业化、城镇化发展道路，开始全面系统的环境保护、生态
安全建设。

党的十八大以来，生态安全建设上升到国家战略层面。2014 年我国修
订了《中华人民共和国环境保护法》，中央国家安全委员会第一次会议提
出，要坚持总体国家安全观，将生态安全正式纳入国家总体安全体系之

中。2015年党的十八届五中全会提出构建科学合理的生态安全格局，2016年中国"十三五"规划纲要在"坚持绿色发展，着力改善生态环境"中提出了"筑牢生态安全屏障"的要求，中国生态保护"十三五"规划纲要提出了"国家生态安全格局总体形成，国家生态安全得到保障"的主要目标。2017年党的十九大报告，强调了生态安全的重要性，提出要为全球生态安全做贡献。生态安全体系建设成为国家总体安全体系建设的重要内容之一，成为保障生态安全的行动纲领。

三 生态安全体系构成

2018年全国生态环境保护大会进一步强调生态环境安全是经济社会持续健康发展的重要保障，明确提出加快构建生态系统良性循环和生态环境风险有效防范的生态安全体系。生态安全的本质包括生态风险和生态脆弱性两个方面，其中，生态脆弱性是核心，构建生态系统良性循环体系是解决生态脆弱性的有效举措。

在习近平生态文明思想指引下，构建生态系统良性循环体系，从生态系统要素层面，组建了淡水生态系统、森林生态系统、草原生态系统、湿地生态系统、农田生态系统、海洋生态系统、土壤生态系统、大气生态系统、矿产资源、生物多样性等领域系统维护管理部门，并由自然资源部国土空间生态修复司进行综合的空间综合整治、土地整理复垦、矿山地质环境恢复治理、海洋生态、海域海岸带和海岛修复，整体维护生态系统良性循环。

近十年来，积极探索统筹山水林田湖草沙一体化保护和修复，推进森林、草原、荒漠、河流、湖泊、湿地、海洋等自然生态系统保护和修复，构建森林生态安全、水生态安全、土壤生态安全等自然生态安全体系；持续推进主体功能区战略、生态红线保护、生态安全屏障建设，以及国土空间开发保护格局优化，加强生态环境分区管控，构建国土空间生态安全格局体系；大力建设全球气候治理、环境保护、生物多样性保护的全球生态安全体系，走出了一条人与自然和谐共生的生态良性循环建设之路。

构建生态环境风险有效防范体系，坚持用最严格制度、最严密法治保护生态环境，把资源节约、环境治理、生物多样性保护等作为经济社会发展的约束性指标和绩效考核内容，形成了包含风险监测预警体系、风险评估体系、风险调节体系、风险立法体系、风险防范制度体系的五大体系，重点推进了三大生态环境风险类型防范体系建设。一是包括大气污染、水体污染、土壤污染、噪音污染、农药污染、辐射污染等环境污染风险防范；二是由于生态退化和环境破坏所引起的环境灾害和生态灾难风险防范体系，如气象灾害、海洋灾害、洪水灾害、地质灾害、森林灾害、农作物灾害，以及臭氧层空洞等风险防范；三是土地资源、水资源、农产品、矿产资源、能源等资源供给短缺的风险防范。建立整体的、全局性的，以及不同层级、不同类型的生态环境风险评估、源头防控、监测预警、督查处置的全过程防范体系，做到"能定位、能查询、能跟踪、能预警、能考核"，采取有效的事前严防、事中严管、应急响应、事后处置措施，最大限度降低生态环境风险危害。

四　兜住基本生态系统服务和生态安全的最低标准线

第一，坚持底线思维搞发展。

一方面，发展是解决中国很多问题的根本因素，没有持续的发展，就业和收入就上不去，社会稳定就可能出状况，各种改革也就缺乏保障力量。因此，保持一定发展速度，是推动经济社会正常运转的必要前提。另一方面，守住生态底线也同样重要，尤其在当前，很多地方的环境承载能力已经达到或接近临界点，如果再压一根"稻草"，不仅环境问题堪忧，也会动摇经济发展的基础。基于此，我们必须认识到，"生态底线"是维护一个区域基本生态系统服务和生态安全的最低标准线。

准确把握生态底线的科学内涵及其实践应用，一是要明底线。确定底线是各地制定生态环境与资源发展目标的重要依据。如原环境保护部多次发文要求各地测算环境容量（实际上就是环境底线），但很多区域相关工作进展缓慢，这不仅使很多考核工作流于形式，而且使这些地区划定环境质量红线的工作缺乏科学的依据，也使"守住底线"易于流空。各地应在准确摸清当地的生态环境与资源底线的基础上，根据自身生态本底和生态系统需求进行指标的适当增减和调整，明确本地区的生态底线。二是以系统思维推动生态底线划定和对接机制。各部门参与、协同攻关的交流协调机制要建立，定期就相关数据进行沟通，改变部门的严重分割问题，使之达到协调和统一，提供全面而一致的统计与监测信息。

当然，还需要指出：坚持生态底线，也要防止不作为倾向，那就是：由于担心捅娄子、出问题，拿底线当"挡箭牌"，遇到问题绕着走，该改的不敢大刀阔斧地改，该闯的不敢义无反顾地闯，该试的不敢放开手脚去试。① 对于这一问题，习近平总书记指出："强调发展不能破坏生态环境是

---

① 平言：《守住发展和生态两条底线》，《经济日报》2015 年 6 月 20 日第 1 版。

对的，但为了保护生态环境而不敢迈出发展步伐就有点绝对化了。实际上，只要指导思想对了，只要把两者关系把握好、处理好了，就既可以加快发展，又可以守护好生态。"①

第二，以底线思维牢固树立生态红线的观念。

生态红线，就是国家生态安全的底线和生命线，这个红线不能突破，一旦突破必将危及生态安全、人民生产生活和国家可持续发展。习近平总书记指出："我国的生态环境问题已经到了很严重的程度，非采取最严厉的措施不可，不然不仅生态环境恶化的总态势很难从根本上得到扭转，而且我们设想的其他生态环境发展目标也难以实现。"②

就其基本内涵而言，可以从三个方面来理解：一是把红线看作一个空间概念。原环境保护部印发的《生态保护红线划定技术指南》指出，生态红线即是指依法在重点生态功能区、生态环境敏感区和脆弱区等区域划定的严格管控边界，是国家和区域生态安全的底线。二是把红线看作一种警戒数值概念。这种观点认为红线是具有法律约束力的数值，突破红线的数值，就要受到政策法律的惩罚，类似可耕地数量红线。三是把红线看作笼统的政策约束力。对于一些政策法规禁止的行为，人们一般也泛称"政策法规红线"，既包括具体的空间与数值概念，也包含一些制约人们行为的规定。

"生态保护红线"是继"18亿亩耕地红线"后，另一条被提到国家层面的"生命线"。习近平总书记多次参与主持、批示生态红线的划定相关工作。2013年11月习近平总书记在主持审议的《中共中央关于全面深化改革若干重大问题的决定》中提出，要"划定生态保护红线。坚定不移实施主体功能区制度，建立国土空间开发保护制度，严格按照主体功能区定位推动发展，建立国家公园体制。建立资源环境承载能力监测预警机制，对水土资源、环境容量和海洋资源超载区域实行限制性措施。对限制开发区域和生态脆弱的国家扶贫开发工作重点县取消地区生产总值考核"。2015年3月，中共中央政治局召开会议，习近平总书记主持会议，审议通过《关于加快推进生态文明建设的意见》，该意见明确提出，"要严守资源环境生态红线"。

为贯彻落实《中共中央、国务院关于加快推进生态文明建设的意见》

---

① 习近平：《在参加十二届全国人大二次会议贵州代表团审议时的讲话》（2014年3月7日），载《习近平关于社会主义生态文明建设论述摘编》，中央文献出版社2017年版。
② 中共中央宣传部：《习近平总书记系列重要讲话读本》，人民出版社2016年版，第237页。

中严守资源环境生态红线的有关要求，指导红线划定工作，推动建立红线管控制度，加快建设生态文明，2016 年 5 月，国家发展改革委等 9 部委印发《关于加强资源环境生态红线管控的指导意见》。在该意见中，"资源环境生态红线管控"被明确地提出并界定下来。

具体而言，是要明确划出三条线，并建立最严格的管控制度：一是确定资源消耗的上限，也就是要合理设定全国及各地区资源消耗"天花板"，对能源、水、土地等战略性资源消耗总量实施管控，强化资源消耗总量管控与消耗强度管理的协同。特别是要设定资源消耗上限，制定有效管理制度。二是要严守环境质量的底线，环境质量"只能更好、不能变坏"。按照以人为本、防治结合、标本兼治、综合施策的原则，建立以保障人体健康为核心、以改善环境质量为目标、以防控环境风险为基线的环境管理体系。以"大气十条""水十条""土十条"实施为契机，大力开展大气、水、土壤污染防治，努力改善环境质量，严控突发环境风险。三是要划定生态保护红线，坚决遏制生态系统退化势头。当前，需要尽快依法确定生态保护红线范围、合理勘定生态保护红线边界，发挥生态保护红线在多规合一中的基线作用。

第二节　中国学术界近二十年来生态安全研究文献综述

一　生态安全研究文献获取数据和方法

借助具有科学计量学和信息计量学功能的分析软件 Citespace。该软件能以可视化的方式展示学术的演进脉络，以更优化地呈现出学界对该领域的研究历史进程、科研动态和发展趋势。选取中国知网 CNKI、万方数据库，以"生态安全"为主题进行高级检索，鉴于生态安全和生态危机相对应，同时以生态危机作为检索主题，设定文献来源为 CSSCI 和北大核心期刊论文。之所以选择核心期刊是因为其作为国内学术评价体系中重要的组成部分，集中体现了具有代表性的学术研究成果，作为研究的索引来源能表示工作的严谨。检索时去除基础科学、信息科技、农业管理、经济管理等相关性不强的学科类别，仅保留有关"生态安全"和"生态危机"在生态文明层面和基础理论层面的研究类别。将收集的文献经过 Note Express 北大图书馆文献管理软件进行文献数据汇总清洗查重，共得到 340 条有效文献数据信息，文献发表年份分布在 2000—2022 年。检索时间为 2022 年 5 月。基于 Citespace 计量分析程序，绘制科学图谱，将国内学界对生态安全的学术研究历史现状和发展阶段以系统性可视化的方式进行解读。

二   生态安全研究文献数据可视化分析

（一）发文量统计

对生态安全研究文献年发文量以及变化趋势进行分析，能展现出学界对该领域整体的关注度。为掌握 2000—2022 年间学者对该领域的研究动态，通过 origin 统计软件得到如图 7 - 1 所示年发文量趋势图。根据年发文量数据统计图可知，2000 年仅有 5 篇相关文献，2002 年发布 12 篇，2004 年达到 20 篇的小高峰，此后直至 2008 年，一直处在差异较大的波动性变化趋势中。自 2009 年至 2013 年逐渐趋于差异较小的稳定阶段，而 2014 年至 2017 年，处于较为明显的增长阶段，并在 2017 年达到了 31 篇。此后 2018—2021 年又处于一个增长阶段，并在 2021 年达到了 34 篇的高峰。2022 年至今已发表了 5 篇。

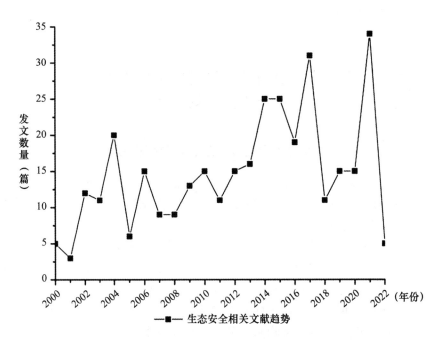

图 7 - 1   生态安全研究文献发展趋势

具体而言，国内生态安全主题研究的发文量受时政变化而呈现波动式变化。根据以上发文量趋势图，可将其分为三个阶段。

第一阶段：2000—2004 年为起步阶段。自 20 世纪 90 年代以来，我国政府逐步重视国内外生态环境危机事件和全球公害的频发，于 2000 年 11 月正式发布《全国生态环境保护纲要》，明确指出生态环境保护是功在当代、惠及子孙的伟大事业和宏伟工程，并从国家层面的高度要求全国范围内制定生态环境保护规划，加大生态环境保护工作力度。2003 年 10 月，以胡锦涛同志为总书记的党中央提出了以人为本，全面、协调、可持续的发展观，要求坚持以人为本，维护人民群众的环境权益，从经济发展入手，借助科学技术，呼吁企业和政府携手实现环境保护的跨越发展。受到国家政策影响，学界逐步开始了对生态安全研究的热度，2000—2004 年共发表了 51 篇，平均每年发表 10 篇，正式迎来生态安全的研究起步。

第二阶段：2005—2011 年为积累发展阶段。2005 年 2 月，旨在遏制全球气候变暖的《京都议定书》正式生效，虽然中国没有《京都议定书》的减排指标，但也开始积极参加多边环境谈判，以更加开放的姿态和务实合作的精神参与到全球环境治理中。2007 年科学发展观正式写入党代会报告。在国际社会中，我国倡导国际加大合作以携手全球各国推进国际生态安全理念，并在全球气候变化、生态危机、绿色合作等方面展现更大作为。2008 年开始建设启动了国家卫星环境应用中心，成功发射环境与灾害监测小卫星，实现了灾害与环境的快速监测与预报，这标志着环境监测预警体系进入了从"平面"向"立体"发展的新阶段。在此时期，2005—2011 年共发表了 78 篇，平均每年发表 11 篇。国内关于生态安全议题的研究得到极大的积累，为后续的发展奠定了深厚的学术基础。

第三阶段：2012—2021 年为深化治理发展阶段。2012 年，党的十八大把生态文明建设纳入中国特色社会主义事业"五位一体"总体布局，首次把"美丽中国"作为生态文明建设的宏伟目标。同时审议通过的《中国共产党章程（修正案）》，把"中国共产党领导人民建设社会主义生态文明"写入《党章》，中国共产党成为世界上第一个将生态文明建设纳入自己行动纲领的执政党。2013 年党的十八届三中全会提出加快建立系统完整的生态文明制度体系。2014 年 4 月我国完成被称为"史上最严"的《环境保护法》，在国家安全委员会第一次会议中，习近平总书记首次正式提出"总体国家安全观"，生态安全正式纳入国家安全体系，正式成为国家总体安全的重要组成部分。2018 年 3 月，十三届全国人大一次会议表决通过的《中华人民共和国宪法修正案》，把生态文明和"美丽中国"写入《宪法》，这为我国生态环境法治建设注入了灵魂，为生态文明建设提供了国家根本大法遵循。2020 年，我国正式宣布中国将力争 2030 年前实现碳达峰、2060 年前实现碳中和。自党的十八大以来，国内学界关于生态安全的研究热度和重视程度越来越高。2012—2021 年共发表了 206 篇，平均每年发表 21 篇。

（二）核心研究机构和主要期刊机构分布

表 7－1 所示为 Citesapce 工具对中国生态安全研究文献群分析所得的 2000—2022 年历史发文量排名前 12 的核心研究机构统计名单。根据表 7－1 可知，中国科学院各附属研究所尤其是植物研究所、华南农业大学、西北师范大学、东北师范大学和武汉大学等针对生态安全研究工作的起步较早，在 2000—2004 年相继进入该领域，为中国生态安全研究奠定了重要的学术积累，是现代生态安全研究学术贡献力量的代表性机构。中南财经政法大学、兰州大学、中国海洋大学、苏州大学、淮阴工学院等在 2006—2010 年相继成为生态安全研究由积累起步阶段步入高水平发展期过渡阶段主要的学术推动者。此外还有中国政法大学、国家气候中心、西藏大学、内蒙古大学等高校也是 2019 年之后在生态安全领域不断做出学术贡献的机构，虽然综合发文量较低未一一在图表中给予展示，但仍然属于当前至未来时期重要的生态安全研究力量的一部分。

表 7－1　　　　2000—2022 年发文总量排名前 12 的研究机构统计

机构	年份	数量（篇）
中国科学院各研究所	2000	19
中国海洋大学	2010	16
苏州大学	2010	14
东北师范大学	2004	9
武汉大学	2004	6
淮阴工学院	2010	5
华南农业大学	2002	4
山东大学	2004	4
中南财经政法大学	2006	4
西北师范大学	2002	4
兰州大学	2007	4
中国政法大学	2019	3

由图 7-2 可知，生态安全领域主要期刊来源以《环境保护》《生态经济》《太平洋学报》《云南行政学院学报》最为突出。其中《环境保护》共发表生态安全主题期刊论文 24 篇，《生态经济》发表了 11 篇，《太平洋学报》发表了 10 篇，《云南行政学院学报》发表了 5 篇。此外，有 12 家期刊机构分别发表了 4 篇，分别是：《理论导刊》《自然辩证法研究》《中国人口·资源与环境》《生态学报》《人民论坛》《安徽农业科学》《河北法学》《学术交流》《求实》《探索》《人民论坛·学术前沿》《南京工业大学学报》（哲学与社会科学版）。

图 7-2　2000—2022 年生态安全研究领域期刊来源词云图谱

（三）关键词共现分析

关键词本身反映的是论文的核心观点，是领域内研究主题的再现，学界研究所聚焦的主要内容以关键词的形式表现出来。在信息计量分析中，相关关键词频次越高代表其所展现的节点的年轮圈层越宽广，而且与其他关键词的联系性越强。关键词共现图谱则可以呈现关键词之间的联系网络，从而明确该领域的主要研究课题方向，以此揭示生态安全核心文献研究的主题脉络和演变规律。

由表 7-2 可知，生态安全研究领域关键词词频为 4 次及以上关键词数量共有 42 个。其中生态安全本身作为研究主体，其词频为 111 次，而"生态文明""国家安全""生态危机"作为研究主题的关键词，其词频分别达 63 次、27 次、23 次之多，是继"生态安全"之后词频最多的一些关键词。这些高频关键词也是中国生态安全研究着重探讨的主题，为理解生态安全领域研究的学术进程提供了概念框架，也铺垫了生态安全领域内其他研究方向间的联系基础。此外,有关"全球化""环境安全""生态保护""对策""绿色发展""和谐社会"等关键词的词频均在 5 次及以上,这些高频关键词也表示为二十多年来学界重要的聚集关注点和研究方向。从中心性指标分析可以看出,除了生态安全、生态文明、国家安全,其他主题关键词中心性均在 0.1 之下。学界通常认为,中心性大于 0.1 的关键词为高中介中心性关键词,表示学界对此关注的热点程度最高,并形成领域内各自主题的热点研究方向。因此可知,当前国内学界对生态安全研究的热点重心集中在生态文明与生态安全的理论发展、国家安全与生态安全的任务建设、生态危机与生态安全的协调发展等方面,显示出了中国学界探究学术热点时清晰明确的演进规律,从基础理论思想到实际需求实践的发展进程,从中国国情历史到时代特色统筹前行的科研特色。

表 7 - 2 生态安全研究高频、中心性关键词

频次	中心性	年份	关键词	频次	中心性	年份	关键词
111	0.71	2000	生态安全	5	0.01	2016	绿色发展
63	0.33	2007	生态文明	5	0.01	2005	和谐社会
27	0.13	2000	国家安全	4	0.02	2002	生态环境
23	0.05	2004	生态危机	4	0.01	2005	生态屏障
9	0.04	2014	习近平	4	0.01	2003	发展
7	0	2003	全球化	4	0	2017	资本逻辑
6	0.04	2002	环境安全	4	0	2003	环境保护
6	0.03	2002	生态保护	4	0	2002	中国
6	0.02	2003	对策	3	0.02	2002	水资源

文献信息计量学有个名词称之为关键词共现,它是指两个及以上关键词同时出现在同一文献中时,由于关键词之间存在的某种关系,构思关键词之间的这种联系可以用来探索研究内容的微观结构和主题所代表的内在相关性,从而提炼出一定时期的研究热点。如图 7 - 3 所示为 2000—2022 年中国生态安全研究领域关键词共现图谱。其中共有网络节点 326 个,连线 497 条。关键词出现的频率越大展示为年轮越宽,两个关键词共现次数越多展示为连线越多,联系程度强弱以连线粗细来表示,连线越粗,表明联系程度越强。

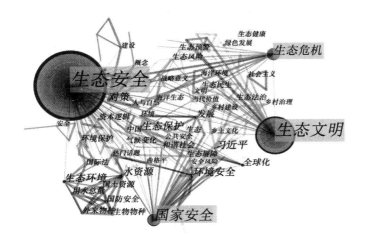

图 7 - 3　2000—2022 年生态安全研究领域关键词共现图谱

从分布上看，2000—2022 年这二十年来中国学界对生态安全研究领域的关键词共现图谱节点密集，年轮内容复杂多元，图谱呈现为网络状结构发展，其中图谱和连线颜色越深表示研究历史越早，颜色越浅越表示学界当前时期关注度略晚。由图谱可知，在中国学界历史研究，随时间进程，以生态安全为中心在生态文明和国家安全、生态危机问题领域的研究不断延伸发展，逐渐形成以生态环境、生态保护、环境安全、国家安全、全球化、水资源、国土资源、生态屏障、生态预警等主题延伸关联的热点研究方向。上述图谱侧面也展示出学界自进入生态安全研究领域以来，学术史得到极大丰富和发展，学者们砥砺耕耘，将生态安全主题与国家时政、政府建设、人民需求等实际相结合，不断扩展生态安全研究的方向和内涵。

（四）关键词聚类分析

为避免上述高频关键词分析时遗漏数据，需对关键词进行更深层次的聚类分析。通过运行 Citespace 工具，得到聚类分析模块值 Modularity Q 值为 0.664 和平均轮廓值 Mean Silhouette S 值为 0.8584 的聚类图谱，如图 7 - 4 所示。一般认为当 Q 值≥0.3，表示聚类的划分结构是显著的，当 S 值≥0.5，表示聚类是合理的。因此，对比 Q 和 S 标准值，可知分析所得的网络聚类结构合理且具有显著关联性，说明该研究可信度较高。据此将学界对中国生态安全研究的核心期刊文献群按照关键词进行聚类分析，可得到中国生态安全领域学术研究的若干大的聚类群，如生态安全、生态文明、

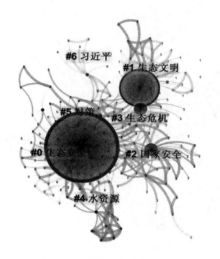

图 7 - 4　2000—2022 年生态安全研究领域关键词聚类图谱

国家安全、生态危机、水资源等等。

　　通过数据处理可得到如表 7 - 3 所示生态安全研究聚类群表，其中核心标签代表每个聚类群中具有代表性的主题范围，S 值表示每个聚类群中包含的各个主题之间的相似性程度，LLR 为各主题标签的代表性 S 值，LLR 值越大，说明该聚类代表性越高，分析越可靠。因此，通过上述分析，将具有相近属性意义的聚类群进一步归纳和提炼，可得到两个主题内容的层面类别。

表 7 - 3　　　　　　　　　　中国生态安全研究聚类群列表

聚类号	核心标签	S 值	年份	LLR 对数似然值最大的三个聚类标签
#0	生态安全	0.944	2011	生态文明（46.71）；中国（9.45）；立法（9.45）
#1	生态文明	0.967	2015	生态秩序（7.96）；生态风险（7.96）；生物安全（7.96）
#2	国家安全	0.911	2009	发展（9.9）；环境安全（8.52）；乡村建设（4.93）
#3	生态危机	0.905	2009	生态屏障（10.41）；生态保护（10.41）；资本逻辑（6.74）

续表

聚类号	核心标签	S 值	年份	LLR 对数似然值最大的三个聚类标签
#4	水资源	0.965	2004	用水总量（7.09）；国防安全（7.09）中国政府（7.09）

生态安全基础理论建设层面：生态安全、生态文明。该理论层面主要集中在习近平生态文明思想指引下的生态安全概念基础理论的研究，学者们较多地运用哲学方法和政治体制的时代特点从生态安全理论基础展开研究。如谭荭和杨美勤 2021 年在《社会主义研究》发表的《论习近平生态安全观的深刻内涵》，详细论述了以习近平同志为核心的党中央对新时代国家安全和生态文明建设进行深刻理论反思成果的生态安全观，是习近平生态文明思想将生态环境问题与国家安全、人民利益紧密结合的政治本质和民生属性的体现。从总体国家安全观确立了生态安全观的战略新高度、"两山"理论的践行与生态安全屏障共筑生态安全观的结构基础、坚持党的领导与推进生态安全体系现代化、生态安全观的实践要求和保障人民生态安全与构建人类命运共同体彰显生态安全观的价值旨归。又如，周圆 2015 年在《生态经济》发表的《人类安全观与中国生态文明建设》一文，论述了人类安全观的起源，认为中国首先提出的生态文明理念是中国结合中国国情与世界发展趋势提出的新的文明发展模式，论述这一模式积极地促进了人类安全理念的实施与发展进步。基于这种促进作用，使得中国在参与国际社会的互动中，获得了更多的话语权，树立了良好的国际形象，促进了中国对外合作交流工作的展开。

生态安全事业战略建设层面：国家安全、生态危机、水资源。该层面的研究主要集中在中国应对国家生态安全和生态危机所采取的国内外应对的战略对策，学者们从宏观和微观视角以全球生态对国家安全的影响，生态政治、生态经济等内容的博弈，以及国土资源、水资源、森林资源等方面，对生态安全进行详细论述，并提出相应的对策研究。如蔡俊煌和蔡雪雄 2015 年在《福建论坛》（人文社会科学版）上发表的《生态生产力与生态安全的辩证演进逻辑和国家行动》一文，从中国共产党对生产力理论的新发展新贡献，生态安全观拓宽了中国共产党的国家安全理论范畴出发，探讨生态生产力与生态安全之间存在交互演进的辩证逻辑并统一于中国共产党引领的国家行动之中的主要内容，既发现二者存在交互演进的辩证逻辑，体现于生态安全危机倒逼生态生产力的提出和国际生态安全共识的达成，生态生产力的发展有利于推动国家生态安全困境的破解；又发现生态生产力与生态安全相统一于生态文明建设的国家行动之中,可大力彰显中国为全球生态安全做出贡献的大国风范。欧阳志云、崔书红和郑华2015年在《科学与社会》上发表的《我国生态安全面临的挑战与对策》一文论述了我国面临的生态环境脆弱、环境污染与生态退化严重、生态服务支撑能力下降、生态安全面临巨大威胁等严重问题。并针对分析提出构建国家生态安全格局、有效控制环境污染、保护与恢复自然生态系统、增强生态系统服务功能、提高生态环境对经济社会的支撑能力等保障生态安全的根本措施。

（五）时序分析

Citespace时区图能够在时间维度上将研究热点关键词进一步展现,年轮图越大表示该关键词主题自开始至未来所做的研究或引用的叠加次数越多,连线粗细则代表随时间尺度变化各关键词之间联系的程度,通过分析可得如图7-5所示2000—2022年间中国生态安全研究Time zone图谱。

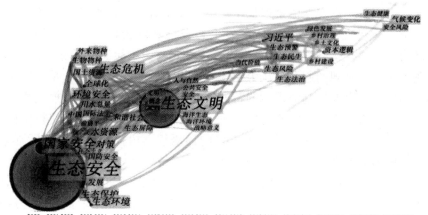

图7-5　2000—2022年生态安全研究Time zone图谱

由图7-5可知,在生态安全研究不同时期阶段的研究主题变化特点:

2000—2004年,生态安全研究发展迅速,此时期关键词热点方向被大量发掘,有关生态危机、全球化、环境安全、国防安全、外来物种等关键词方向不断在学界提起,成为生态安全研究的热点议题。

2005—2011年,是积累发展阶段,该时期的研究在学界持续不断扩展深入,诸如生态文明、和谐社会、生态屏障、公共安全、海洋生态、海洋战略等是随中国政治体制法制发展而产生的较新的主题研究热点。

2012—2022 年，处于新时代和新理念发展规划前景中，此时期有关生态民生、生态法治、生态预警、生态风险、绿色发展、乡村治理、生态健康和气候变化等主题关键词进入学界热点范畴，成为新形势、新常态下新一批热点方向和议题。

（六）突现分析

当一定领域内某些关键词的使用频率突然增高或变强，这种现象被称为关键词突现，这类关键词又被称为"爆点词"，代表了在该领域内依托关键词所发展的热点研究方向。依据爆点词突现的时间和强度可以对研究领域的前沿进行动态演化，并可预测该领域未来的发展趋势。图 7-6 所示为 2000—2022 年生态安全研究关键词突现图，年份代表首次出现的时间，开始时间代表成为热点突现词的时间，结束时间代表热点突现词结束的时间，其中强度为关键词强度指数，表示该词的热点程度，指数越大代表热点越高。

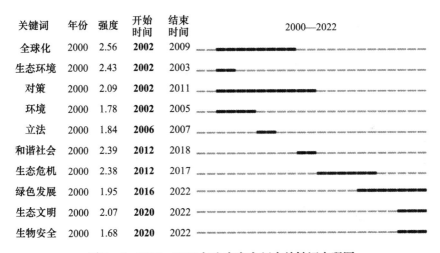

图 7-6 2000—2022 年生态安全研究关键词突现图

总体来看，所有突现词首次出现的时间均在 2000 年，说明现实中这些关键词可能在 2002 年之前就已经提出，但真正成为学界的研究热点是在 2002 年之后。从各关键词成为突现词的时间来看，全球化和对策自 2002 年成为突现热点词后分别持续了 8 年和 9 年；生态安全立法在 2006 年成为热点但只持续了 1 年；和谐社会自 2012 年党的十八大提起，突现热度持续了 6 年；绿色发展自 2016 年成为学界关注热点以后其热度持续至今；生态文明和生物安全自 2020 年至当前时期是学界广泛关注的生态安全研究领域的热点方向和主题关键词。

三　生态安全研究述评和展望

通过对生态安全研究领域二十多年的核心文献进行计量分析，廓清了中国生态安全研究的进展，以可视化的方式制作了学者合作网络、关键词共现、聚类、时区等科学知识图谱。探讨了生态安全研究发展的起步、积累、深化三个阶段，以及生态安全基础理论建设层面、生态安全事业战略建设层面两个聚类主题层面7大聚类群，并且展示了生态安全研究中各个时期不同的热点演进情况。通过梳理，发现国内生态安全研究还应从以下几个方面进行强化。

第一，针对学界当前存在生态文明与生态安全理论逻辑关联相关的研究内容还较少，因此应当加强习近平生态文明思想基础理论和生态安全价值的研究。当今中国提出的"新时代生态文明"和"人类命运共同体"理念，符合世界各国的根本利益，正不断得到国际社会的广泛认可。我国学者应该加强基础理论研究，积极建言献策，为形成更有效的中国智慧、中国方案提供理论支撑。

第二，针对当前生态安全领域学者们研究模式的分散性和学科体系的弱联系性，应当加强生态安全学术战略投入建设。虽然当前时期我国有关生态安全研究的态势积极，但与全球各国尤其是发达国家相比，我国生态安全研究产学研优势还是不足，学术影响力在国际社会较弱。国家可推动政治、法律、经济、环境等多学科生态安全研究合作课题模式，鼓励生态安全研究在不同学科体系跨学科发展，增强主体研究特色学科建设，发展创新。

第三，针对当前生态安全研究的主要主题集中在生态安全基础理论和事业建设两个方面，缺少了聚类主题的深化。因此应当加强对生态安全有关时政、国际治理、城市安全、生态政治和生态经济等主题的深化，加强生态安全与治国理政思想价值的深度融合，在国内建设和国际交往中形成较为完整的体系化内容，通过扩展研究的广度和深度，以达到生态安全主题所能发挥的真正效益和价值。

第四，针对生态安全涉及的事项较多，而规制方法仅仅停留在政策文件中，缺少一体化的法律规制，因此应探讨生态安全立法的实践和价值。从法律规范效力上说，针对生态安全的专门化立法有利于提高生态安全执法、司法的效力。从生态安全的价值而言，法律的规制则是一国政府针对生态安全治理事项的最高价值体现，因此，探讨生态安全立法，将治国理政的价值理念深入到生态安全法律之中，是不可或缺的。

第三节　基于流域生态环境监管中的央地权责划分与生态安全体系构建

一　流域生态环境监管的难题：央地权责划分

　　面对流域生态环境的不断恶化和日益增多的利益冲突，中央和地方一直积极探索完善相关的治理结构。1996 年《水污染防治法》即要求建立跨区域的机构来防治流域水污染问题，这是我国流域生态环境监管史上的一大突破。地方政府在流域生态环境监管中更是发挥了积极的作用，地方政府之间为了解决流域生态环境监管问题做了诸多有益的尝试。如 2003 年海河水利委员会同北京、天津、河北、山西、山东、河南、内蒙古和辽宁等 8 个省、自治区、直辖市的水利厅（局）共同签订发布了中国首部大流域治水宣言——《海河流域水协作宣言》。2011 年，担任中央政治局常委、国家副主席的习近平对千岛湖水资源保护工作作出重要批示，强调"浙江、安徽两省要着眼大局，从源头控制污染，走互利共赢之路"，拉开了全国首个跨省流域生态补偿试点的大幕。2012 年 9 月、2016 年 12 月，浙江省和安徽省先后签订生态保护补偿协议，启动两期共 6 年试点工作，建立起跨省流域横向生态保护补偿机制。实践证明，2012—2017 年新安江上游流域水质总体为优，保持为二类或三类，千岛湖水质总体稳定保持为二类，营养指数由中营养转变为贫营养，水质变差的趋势得到扭转。2018 年，皖浙两省第三次签订补偿协议，常态化补偿机制发展完善。可以说，新安江流域既是生态补偿机制建设的先行探索地，也是习近平生态文明思想的重要实践地，取得了丰硕的成果。① 2020 年和 2021 年《长江保护法》和《黄河保护法》的通过，标志我国生态环境治理进入新时代。

　　基于我国流域生态环境治理的现有实践，我们不难发现中央和地方在流域生态环境监管中已形成了一定的流域生态环境治理模式：机构性治理和非机构性治理，前者是指针对流域治理设立一定的机构，如由部委设立

---

　　①　参见中共中央组织部编《全国首个跨省流域生态保护补偿机制的"新安江模式"》，载《贯彻落实习近平新时代中国特色社会主义思想在改革发展稳定中攻坚克难案例　生态文明建设》，党建读物出版社 2019 年版，第 353—366 页。

的流域协调机构、由部委设立的流域管理机构、由地方政府设立的流域协调机构和由地方政府设立的流域管理机构，后者是指缺乏流域管理机构，国内大部分流域均是如此。从我国流域生态环境监管的实践来看，我国的一些流域已实现了机构性治理。然而，其他流域继续按照环境管理属地管辖的原则，缺乏专门的流域管理及协调机构来解决相关的问题，这种治理模式主要针对一些尚未得到国家重视的小流域，例如各省省内的一些小支流。

就机构性流域生态环境治理的实践来看，流域管理及协调机构在流域生态环境保护中曾发挥了一定的积极作用，但是实践表明它们也存在统筹协调困难、部门职责分散交叉、政策标准难衔接和统一、信息资源难共享和执法尺度和力度不统一等问题，使得流域生态环境监管机构未能取得预期的功效。究其根源在于，区域流域环境管理机构的法律地位和具体职责不明确，机构设置、人员编制、经费保障和权责划分等制度不够完善，缺乏流域污染防治财政转移支付机制和补偿机制来解决流域生态环境监管中的利益分配问题，流域生态环境尚未做到统一规划、统一标准、统一环评、统一监测和统一执法等。[1]

为了解决这些问题，学界倾向于中央上收流域生态环境监管权，因为地方政府签署的协议只能解决流域生态环境监管中的某些问题，难以全面对流域生态环境监管形成有效的制度保障。[2] 为了更加有效地治理流域生态环境问题，建立跨行政区域的流域生态环境保护机构并强化中央的权力被认为是重中之重。这意味流域生态环境管理机构的地位会变得更高、权力会变得更加强大。但是，我国的流域种类较为多元，中央未必需要监管全国所有流域的生态环境治理，对于非重点流域，发挥地方政府的积极性必不可少。因此，在流域生态环境监管体制改革中，探索符合我国国情的中央和地方生态环境监管权配置是亟待解决的重要问题，会直接影响流域生态环境监管改革能否实现预期的生态环境保护目标，进而为我国流域高质量发展保驾护航。

二　流域生态环境监管中强地方弱中央模式

为了解决流域生态环境监管中中央和地方的权责划分问题，美国不少流域的生态环境治理采取强地方弱中央模式。在这种模式下中央政府对流

---

① 吕忠梅：《关于制定〈长江保护法〉的法理思考》，《东方法学》2020 年第 2 期。
② 王慧：《环保事权央地分权的法治优化》，《中国政法大学学报》2021 年第 5 期。

域生态环境监管关注不多，地方主要负责流域生态环境监管职责。从美国流域生态环境治理强地方弱中央模式的历史发展来看，这一流域生态环境治理模式的生成取决于诸多因素。首先，一国环境治理的组织结构传统。在流域生态环境监管的早期，一国的环境治理结构通常不区别对待流域和非流域的生态环境监管。一国一旦将环境保护视为地方事务而非中央事务，那么在该国流域生态环境监管中地方政府被视为相关事务的责任主体。此外，有些国家虽然在环境立法中将生态环境治理视为中央政府的事务，但是中央政府有可能将具体的责任落实交给地方政府，使得地方政府成为流域生态环境监管的主要责任政府。其次，国家治理中中央和地方分权的政治传统。在流域生态环境中遵循强地方弱国家模式的国家通常具有较强的地方主义传统，地方主义传统体现了浓厚的"家园规则"精神。[1]按照这一传统，包括流域生态环境监管之类的环境监管应该尽可能由地方政府而非中央政府来治理，因为地方主义具有提升公民参与、治理效率较高和强化社区治理的功效。

不过，这一模式在实践中暴露出一定的问题，流域生态环境治理的地方主义存在严重的外部性问题，地方政府为了本地区的利益极有可能过度使用流域的各种资源，使得流域生态环境因集体行动逻辑出现"公地悲剧"。为了解决地方主义所导致的"公地悲剧"，流域生态环境治理的区域主义因应而生。区域主义认为流域是一个真正的经济、社会和生态单元，生态和环境问题影响超越了地方政府的政治区域。[2]区域主义强调流域生态环境监管需要超越地方主义，地方政府在流域治理中应该从竞争者向合作者转变，地方政府之间的合作有助于强化流域的治理效率及其资源的公平获得。

流域生态环境监管区域主义经历了从旧区域主义向新区域主义的转变。旧区域主义主张创设一个独立性的区域性政府来解决流域生态环境问题，认为只有将权力集中于一个区域政府才能有效解决流域生态环境治理问题。旧区域主义的本质是将地方政府的权力转移给区域政府，限制地方政府的自主权力，限制地方政府追求自身利益。新区域主义则认为区域治理比区域政府更重要，认为流域生态环境的治理未必需要创设一个新的流域性政府，通过革新现行的政府组织框架完全可以解决流域生态环境监管

---

[1] Jason Moreira, "Regionalism, Federalism, and The Paradox of Local Democracy: Reclaiming State Power in Pursuit of Regional Equity", *Rutgers University Law Review*, Vol. 67, 2015, p. 502.

[2] Richard Briffault, "Localism and Regionalism", *Buffalo Law Review*, Vol. 48, 2000, p. 3.

中所面临的诸多问题。新区域主义认为政府之间通过签署协议完全可以实现创设区域政府的功能。从有关流域生态环境的政府协议的实践来看，地方政府之间为了流域生态环境治理所签署的协议大致有两类。第一类是非正式的协议，主要是地方政府之间签署的交换信息和专家知识的协议，主要涉及地方政府之间统一标准和统一执法等事项。第二类是比较正式的协议，它们可能会影响中央和地方政府之间的权力划分，其在流域生态环境治理中的作用越来越明显，典型代表是美国流域生态环境治理中的州级协定。

美国流域生态环境治理的州级协定大致分为两种模式：西部模式和东部模式。西部模式的代表是《科罗拉多河流域协定》和《里奥格兰德流域协定》，主要关注水权在各个地方政府之间的分配，并对各个地方从流域取水的总量进行限制。东部模式的代表是《德拉瓦河流域协定》和《萨斯奎哈纳流域协定》，创设专门的跨州管理机构，其享有大量的环境规制权，有权许可、管理各个州的取水行为，甚至有权制定区域性的环境标准来控制水污染问题。虽然美国州级协定在流域生态环境监管中发挥了积极的技术性功能、咨询性功能和运营性功能，但在流域生态环境治理中州级协定的局限日趋明显。首先，这些州级协定过于原则抽象，导致它们在实践中容易被地方规避，无法产生预期的良好效果。其次，州级协定的合法性因充满争议而存在不确定性，人们就跨州协议是法律还是合同存在较大争议，[1] 导致在其实践中踌躇不前。

我国的流域生态环境治理很大一段时期内体现了强地方、弱中央的特征，由于我国《水法》《水污染防治法》及《关于预防与处置跨省界水污染纠纷的指导意见》对流域生态环境监管中中央和地方的权力行使及其责任承担等缺乏明确规定，导致流域生态环境监管主要由各流域沿线政府来负责。实践中，这种强地方弱中央模式无法满足流域生态环境治理的有效需求，地方政府之间难以形成流域生态环境监管合力，各地的政策标准难衔接和统一、信息资源难共享、执法尺度和力度不统一，导致流域生态环境治理无法取得成效。地方政府之间之所以无法形成监管合力，一定程度上源于地方政府不愿意积极进行合作。一方面，由于各地具有不同的利益追求，利益差异如果过大无法达成共识；另一方面，即便具有共同的利益需求，协商成本过高也会导致合作难以进行。

① Charles M. Hassett, "Enforcement Problems in the Air Quality Field: Some Intergovernmental Structural Aspects", *Ecology Law Quarterly*, Vol. 4, 1974, p. 68.

三　流域生态环境监管中强中央弱地方模式

由于流域生态环境监管强地方弱中央模式存在严重不足，流域生态环境监管中强中央弱地方模式因应而生。流域生态环境监管中强中央弱地方模式的逻辑是，由于流域生态环境边界与政治边界不匹配，导致每个地方政府基于自身利益的经济理性行为会做出集体的非理性行为：地方政府的收益以国家更大的成本为代价，中央政府是解决这一非理性行为的最佳主体。美国的不少流域生态环境监管遵循了强中央弱地方模式，多年的实践表明这一模式相比于强地方弱中央模式具有一定的可取之处。

当中央政府积极介入流域生态环境治理时，流域生态环境监管模式发生了一定的变化，其中最为明显的是基于流域（watershed）的流域生态环境监管逐渐替代了传统的基于属地管辖的流域生态环境监管。基于流域的流域生态环境监管被认为更加适合进行流域生态环境的治理，因为它符合流域生态系统的基本科学基础。首先，流域生态环境是一个统一体，流域水生态系统的本质、水生态系统的现状和水生态系统受损的原因往往是一个整体，基于流域的流域生态环境监管更加符合流域的自然本质。其次，由于流域生态环境的整体性，基于属地管辖的传统流域管辖模式会出现制度结构的碎片化、问题解决方法的碎片化以及项目设计和执行的缺陷，基于流域的流域生态环境监管有望解决这些问题。

从美国基于流域的流域生态环境监管的实践来看，它的成功通常需要满足如下条件。[①]　第一，进行综合的流域环境资源目录制定和评估，这是决定流域生态环境监管成败的基础。流域生态环境监管者应当分类和评估资源的现状、潜在的健康状况、现行的损害状态、潜在的管理方法，然后在此基础上做出决策。第二，流域生态环境监管者应当设定具体的监管目标，使用可量化或较客观的绩效标准。虽然标准可以进行变化，但是目标必须具体且以生态环境保护为中心，只有如此才能确保流域生态环境监管取得成效。第三，流域生态环境监管者应当仔细地筛选问题解决目标，在财力和人力有限的现实背景下，监管者显然无法对所有问题一一解决，他应当选择最合理的目标作为优先解决的问题。第四，在流域生态环境监管中，相关的参与方集体做出相关决策，最好采用一致同意的方法达成决策。第五，流域生态环境监管的程序应当是动态而不是静态的，流域生态

---

① Robert W. Adler, "Addessing Barriers to Watershed Protection", *Environmental Law*, Vol. 25, 1995, p. 1105.

环境监管应当对环境等的变化进行动态考量，并根据不断变化的监管目标来调整监管目标。

　　不过，从美国基于流域的流域生态环境治理模式的多年经验来看，这一模式也面临一些难题。第一，流域治理的规模问题，即这一治理模式覆盖的范围到底应该是大还是小，在何种情况下可以实现理想的适度规模。第二，流域治理的边界问题，这一问题与第一个问题密切相关，它主要涉及流域治理的边界在哪里，原则上应该根据自然边界进行划分流域治理边界，而不是根据政治边界划分流域治理边界。第三，流域治理的控制问题，主要涉及在不同层面的政府进行权力分配，在政府和人之间分配权力，如果完全将问题留在地方政府会导致地缘政治外部性和经济不平等问题，而如果流域治理不统一会导致经济和环境外部性。对此，国家应该统一制定标准，通过建立总的环境质量目标防止各地进行恶性竞争。第四，流域治理的定位问题，是程序定位还是实体定位？基于流域的流域生态环境治理的目的应当确保利益相关方有机会进行互动、表达不同的观点，进而达成共识，这体现了程序主义。第五，流域治理的一致问题，即流域生态环境的相关规则应当在流域内维持一致，不得对不同的地方政府给予差别待遇。①

　　依据我国《宪法》《长江保护法》《环境保护法》以及《水污染防治法》等法律的规定，流域资源属于国家所有，流域生态环境相应属于国家管理事务。为了有序开发流域资源和保护流域生态环境，我国已经建立了一些流域环境监管机构，大致可以分为部委牵头设立的流域管理机构和地方政府牵头的流域管理机构。这些机构虽然承担一定的生态环境保护职责，但是它们的角色重在资源开发与利用，流域生态环境保护的功能往往被弱化，导致我国流域生态环境多年来不断出现恶化的趋势。2018 年 4 月，习近平总书记在深入推动长江经济带发展座谈会上的讲话中指出："我讲过'长江病了'，而且病得还不轻"；在谈到清醒看到长江面临的困难挑战和突出问题时，他说，"（长江）生态环境形势依然严峻。流域生态功能退化依然严重，长江'双肾'洞庭湖、鄱阳湖频频干旱见底，接近 30% 的重要湖库仍处于富营养化状态……"② 2019 年 9 月 18 日、2021 年 10 月 22 日，习近平总书记先后在河南郑州和山东济南分别主持召开"推

---

①　Robert W. Adler, "Addessing Barriers to Watershed Protection", *Environmental Law*, Vol. 25, 1995, p. 1088.

②　习近平：《在深入推动长江经济带发展座谈会上的讲话》，《求是》2019 年第 17 期。

动"和"深入推动"黄河流域生态保护和高质量发展座谈会。对于黄河流域的生态保护问题，习近平总书记指出，"黄河一直体弱多病，水患频繁，当前黄河流域仍存在一些突出困难和问题。如洪水风险依然是流域的最大威胁、流域生态环境脆弱、水资源保障形势严峻，等等"。①

为了解决流域生态环境治理中的难题，根据党的十九届三中全会审议通过的《中共中央关于深化党和国家机构改革的决定》《深化党和国家机构改革方案》和第十三届全国人民代表大会第一次会议审议通过的《国务院机构改革方案》，生态环境部针对流域生态环境治理新设了派出机构：长江、黄河、淮河、海河、珠江、松辽、太湖流域生态环境监督管理局，负责流域生态环境监管和行政执法相关工作。流域生态环境监督管理局的成立旨在打破过去流域管理机构对流域生态环境保护不力的局面，流域生态环境监督管理局对流域生态环境监管做了全方位的覆盖。

但是，从生态环境部六大环保督察中心的以往经验来看，流域生态环境监督管理局改善流域生态环境的体制机制尚需相应的制度完善。从隶属关系、职责、权限的配置和法律地位上来看，环保督察中心作为中央部门的派出机构属于事业单位性质，自身的行政权力极其有限，对所在地的地方政府难以进行有效的协调。加之，由于部门之间的协调不畅，环保督察中心面临着跨区域执法难度较大的难题。流域生态环境监督管理局作为中央环保部门的派出机构，在实践中可能也将面临在流域生态环境监管中决策和协调能力有限的难题，难以对地方政府执行流域环境监管进行有效的监督和问责，进而难以对流域生态环境进行综合管理。为了解决这一难题，《长江保护法》作出了积极的尝试，规定了长江流域建立流域协调机制，该协调机制由国务院建立，长江流域建立流域协调机制某种程度上强化了中央对地方流域生态环境监管的监督。② 根据《长江保护法》的规定，长江流域统筹协调机制的运行是分部门管理体制，这种管理体制有综合不同优势的特征。

---

① 参见习近平《在黄河流域生态保护和高质量发展座谈会上的讲话》，《求是》2019 年第 20 期；《习近平在深入推动黄河流域生态保护和高质量发展座谈会上强调　咬定目标　脚踏实地　埋头苦干　久久为功　为黄河永远造福中华民族而不懈奋斗》，《人民日报》2021 年 10 月 23 日。

② 魏圣香、王慧：《长江保护立法中的利益冲突及其协调》，《南京工业大业学报》（社会科学版）2019 年第 6 期。

四 流域生态环境监管中央地方分权新模式：适应性合作模式

流域生态环境治理相比于传统的生态环境治理面临更多的挑战，需要突破传统的生态环境治理模式。从美国流域生态环境治理的经验来看，流域生态环境治理不适合采取强地方弱中央模式，这一点在横跨诸多地方政府的流域中表现得最为明显。为了有效治理流域生态环境，美国的流域生态环境治理从过去的强地方弱中央模式向强中央弱地方模式积极转变，美国联邦政府积极介入流域生态环境治理是保证其成功的重要保障，同时必须积极发挥地方政府的作用。

在流域生态环境治理中，仅凭中央政府或者地方政府一方的力量都无法取得成功。理论上，地方政府之间似乎通过签署协议便可以解决流域跨地区的生态环境问题，但地方政府间的合作通常需要得到中央政府的首肯，流域生态环境监管更多表现为中央政府和地方政府一道共同参与的治理结构。这种治理结构一方面防止地方政府通过合作增加地方政府的权力，进而牺牲中央政府的权力；另一方面遵循了流域生态环境治理的匹配原则，即决策应该尽可能吸收决策带来的所有成本和收益，否则监管难以实现最优状态。① 具体而言，流域的规模大小与中央政府和地方政府的介入程度相关，如果流域的规模较大，那么中央政府在这一流域中的角色应该更大，如此才能控制流域外部性问题；如果流域的规模较小，相关问题的解决应该更多留给地方政府。特别是，倘若一条河流只影响两个地方政府，如果中央政府负责监管该流域的生态环境状况，效果未必一定好。因为与该流域生态环境监管关系最为密切的主体被排除在流域生态环境监管决策制定之外，而作为管理者的中央政府未必熟悉这条流域的特殊情况。

基于流域生态环境治理的特殊性，为了解决流域生态环境监管传统模式的不足，我国的流域生态环境监管应当采取流域生态环境监管中央和地方适应性合作模式。这一模式背后的理论逻辑是，流域生态环境本身的特性使得中央和地方政府在流域生态环境监管中有必要进行紧密的合作，加之流域生态环境具有较强的动态性，使得流域生态环境监管中难以明确界定各自的权力范围和法律边界，这要求中央政府和地方政府在流域生态环境监管中进行适应性合作。

---

① Jon Cannon, "Choices and Institutions in Watershed Management", *William and Mary Environmental Law and Policy Review*, Vol. 25, 2000, p. 383.

从美国流域生态环境治理推行中央和地方适应性合作模式的经验来看，[1] 这一模式相比以往的流域生态环境治理模式具有诸多好处。第一，这种治理模式不会受制于政治边界的限制，能够有效解决属地管辖与流域生态环境治理之间的不匹配现象。第二，这种治理模式强调各个流域的特殊性，不同时空下的流域生态环境治理需要不同的监管机制。第三，这种治理模式具有进化特征，流域生态环境是较为复杂的动态系统，它涉及水、植物、土壤、动物和土地使用等诸多因素，且各个要素及其构成整体会不断进化。第四，这种治理模式有助于克服决策制定权威出现碎片化，即中央政府和地方政府在流域生态环境治理中出现权威分散无法有效地形成合力。

深受我国传统环境治理模式的影响，我国的流域生态治理中中央和地方的分权模式基本上是"地方政府是中央立法的执行者"。随着我国流域生态环境治理的不断恶化，中央越来越认识到传统环境治理模式在流域生态环境治理中的不适，在改革我国流域生态环境治理监管模式的进程中，中央也认识到与地方进行合作的必要性和重要性。比如，《长江保护法》专门针对流域规定了长江流域统筹协调机制，旨在统筹协调、协商国务院有关部门及长江流域省级人民政府之间的管理工作。具体就长江流域生态环境治理中中央和地方的权力划分，《长江保护法》规定国务院有关部门和长江流域相关的政府是长江生态环境保护的责任主体，国务院各部门和地方政府在长江生态环境治理中相互协作，并明确规定了相应的责任以切实保障相关制度的落实。

五　流域生态环境监管央地适应合作的机制保障

（一）央地适应合作与流域立法的定位

从国内外流域生态环境治理的历史经验来看，为了使得中央和地方能在流域生态环境监管中有效开展适应性合作，流域生态环境保护立法在强调实体法的同时——规定稳定的行为模式和对应的法律责任，更应该注重流域生态环境立法的程序性特征——为各方主体创设一个可以有效对话的流程。之所以强调和突出流域立法的程序性，是由于如下因素使然。第一，水功能具有不断变迁的特性。如流域内水资源最初主要是为了满足基本生存、供水、通航、发电需要。如今，基于生态环境目的的水需求更是

---

[1]　关于适应性环境治理模式的论述，参见郑少华、王慧《中国环境法治四十年：法律文本、法律实施与未来走向》，《法学》2019 年第 11 期。

成为流域生态环境保护议程中的大事，它使得流域生态环境监管面临更大的不确定性。第二，流域内水资源的水量在不同年份存在不确定性，这种不确定性并非建立水库所能够对冲的，因为如果流域出现大量的水资源稀缺，水库也无法满足流域内的用水需求。可以说，流域内水资源的不确定性成为流域内地方政府之间冲突的导火线。第三，流域生态环境监管立法看似核心是简单的生态环境保护，但是流域的生态环境往往涉及所涉流域的经济和文化问题，而经济等问题总是处于不断的变化之中。当流域生态环境面临不断变化的经济等问题时，流域生态环境监管理想的做法便是能够随之进行调整，只有如此流域生态环境监管才能得到地方政府的大力支持。

（二）央地适应合作与流域治理机构的创设

第一，选择合理的流域治理机构形式。从国外流域生态环境治理的经验来看，流域生态环境治理委员会模式比较普遍。如美国针对每条河流所签署的州级协定都会设立跨州性质的河流治理委员会，[①] 它们影响了大多数的美国人。

第二，流域治理机构的人员构成应当合理。从美国流域管理机构的人员构成来看，流域管理机构的成员来自相关各州的代表，同时联邦政府也派出代表。[②] 而各州所派出的代表通常是各州的政府官员，有时会选任专家作为州政府的代表，因为专家具有较高的专业技能。联邦政府的代表通常来自联邦层面的国会，这确保流域治理机构在随后的运作中具有更大的权威。[③]

值得注意的是，在各州代表问题上存在较多争议。比如，不管各个州的大小各州代表数量是否应当相同？州代表应该选举产生还是任命产生？如何对州代表所代表的州政府进行有效权衡？主流观点是不管各个州在人口数量、工业规模和范围之间的差别，各州州政府的代表数量相同，各个州享有相同的投票权并遵循一致通过原则。同时，应当鼓励州政府代表的多样化，如此可以确保决策更加科学。同时，相比于选举州代表，任命州代表更为恰当，因为规模较大的选择行为可行性不高。[④]

第三，流域治理机构应当是常规运行机构。如从有效控制污染的角度

---

① Rhett B. Larson, "Interstitial Federalism", *UCLA Law Review*, Vol. 62, 2015, p. 930.

② Rhett B. Larson, "Interstitial Federalism", *UCLA Law Review*, Vol. 62, 2015, p. 918.

③ Rhett B. Larson, "Interstitial Federalism", *UCLA Law Review*, Vol. 62, 2015, p. 928.

④ Charles M. Hassett, "Enforcement Problems in the Air Quality Field: Some Intergovernmental Structural Aspects", *Ecology Law Quarterly*, vol. 4, 1974, p. 85.

来看，流域治理机构应当常规性运行，即它有权评估环境污染的态势，有权规定污染受损的救济措施，有权管理污染行为的达标程序，不然流域内生态环境污染和破坏便难以得到有效控制。①

（三）央地适应合作与治理机构权责的规范

流域治理机构应当权责一致。第一，流域治理机构应当对自己的决策负责。不过，流域治理机构由于不同于传统的权力结构，所以缺乏传统的权利制衡机制。第二，流域治理机构应当及时回应公众对流域生态环境变化的关注。譬如，为了确保弥补流域治理机构中权力制衡机制的缺失，美国通常使用司法审查机制加以应对。为了确保流域治理机构有效回应公众的关注，负责任地保护流域生态环境，美国的流域管理机构通常采取诸多措施：公布年度报告、公开会议记录、公开审计报告和举行公众听证等等。②

（四）央地适应合作与资金制度的完善

资金是否得到有效保障对流域生态环境监管机制能否取得预期的良好效果影响巨大，流域生态环境治理实践证明，资金的缺乏会使得流域管理机制难以发挥应有的作用，因为资金的匮乏会导致流域管理机制难以履行其职责。流域管理只有拥有一定的资金，它才能雇佣相关的专业技术人员，保存流域生态环境的相关数据等。美国在保障流域生态环境机制的资金需求方面，大致采用了如下方法：作为流域管理机构成员的州政府自愿支付，同时联邦政府给予相应的配套资金；根据一定的标准向作为成员的州政府分摊所需资金；通过服务收费的方式获得资金；通过税收的方式获得资金；州政府自愿捐款外加联邦政府的补充，同时收取服务费。③

在流域生态环境治理中，除了上面提及的机构运行保障资金，资金问题涉及流域内不同区域之间的生态补偿问题。之所以涉及流域生态环境补偿，是因为在流域生态环境治理过程中，一些地区会因流域生态环境保护的需要而遭受不利影响，对此流域生态环境管理机构应当给予补偿。如果流域管理机构制定的规则虽然对大多数地区较为有利，但是却牺牲了一部分地区的利益，那么获益的地区应当对遭受不利的地区进行补偿。也正是

---

①　Interstate Agreements for Air Pollution Control, *Washington University Law Review*, Vol. XX, 1968, p. 263.

②　Jill Elaine Hasday, "Interstate Compacts in A Democratic Socitety: The Problem of Permanency", *Florida Law Review*, Vol. 49, 1997, p. 23.

③　Charles M. Hassett, "Enforcement Problems in the Air Quality Field: Some Intergovernmental Structural Aspects", *Ecology Law Quarterly*, Vol. 4, 1974, p. 85.

基于此，流域生态环境监管中的补偿机制一定程度上要体现共享收益原则。即如果一个地方政府开发共享资源时具有比较优势，那么它便可以使用这一比较优势，但是它应当同其他共享该资源的地方政府分享资源开发所带来的收益。否则，各个地方政府在流域生态环境监管中便缺乏合作动力。如流域上游地区通常可以使用流域的成本向享有地区外部化，规制流域上游地区的行为显然会给流域下游地区带来好处，但是这种规制的成本却由流域上游地区承担，上游地区在这种情况下显然缺乏合作的动力，只有对其进行一定的补偿它才有可能有动力进行合作。

（五）央地适应合作与司法救济的重视

完善流域生态环境监管行政权的同时，司法权在流域生态环境治理中的功效也不能忽视。有效监管流域生态环境一定需要常态化的流域生态监管机制，最好有独立的流域管理机构可以针对流域生态环境制定标准并加以执行，有权针对流域内的影响生态环境的行为进行许可，有权对利用流域生态环境的行为收费，有权调查流域生态环境的状况，有权对破坏流域生态环境的行为进行罚款。理论上，司法机制通常不是解决流域生态环境的最佳机制，因为一般性非专业法院通常没有时间、专家、经验和资源来处理流域水资源涉及的复杂的水利、经济和社会生态问题。仍以美国为例，根据美国宪法第3条，联邦最高法院虽然有权处理州级水纠纷，但是联邦最高法院承认自己不是解决这种纠纷的理想平台，认为跨州河流最好通过合作研究加以解决，需要各州相互配合，而不是通过法院来解决纠纷。不过，当流域生态环境管理机制逐渐常态化，且其享有的权力越来越广泛时，势必会有越来越多的纠纷，相关纠纷通过司法途径或许能够更好地得到解决，未来可以考虑充分发挥司法裁决机构在流域生态环境纠纷中的作用。

流域生态环境的特质决定了传统的生态环境治理难以在其中产生良好的效果，从美国流域生态环境治理的以往经验，以及我国流域生态环境治理的实际需要来看，我国流域生态环境治理应当采取中央和地方适应合作的模式。在这种模式下，中央政府和地方政府的权责划分依据流域生态环境适应性管理的需要而定，如此可以确保流域生态环境治理能够根据生态环境的不断变化而予以及时调整。为了确保适应性合作模式在流域生态环境监管中发挥最大效果，我国的流域法制应当在立法定位、机构创设、权责规范、资金保障和司法救济等方面予以完善。

下　篇

结语·展望

第八章 新常态·新实践·新未来：命运共同体视野下基于生态技术变革引发生态产业革命

现代化是世界历史的进程，现代化是人类文明的一种深刻变化，现代化是人性的解放和绿色生产力的解放，是实现人与自然最终和解的趋势。随着全球化和信息化的发展，世界各国同在一个地球村，俨然是一个命运共同体，尊崇自然、绿色发展的新思路是中国智慧与战略的体现。要用现代化的战略眼光来看新常态，这对于更好地把握新常态的战略性、未来性和必然性很有意义。必须对照观察、分析判断我国生态文明建设的新形势新任务、重要战略和重点任务，高度重视人类科技哲学发展的历史特征和历史性趋势；深刻意识到，引领人类文明由工业文明向生态文明社会转型，我们必须有生态文明社会形成的"硬通货"或硬核，要有应对被别人"卡脖子"的真能耐；必须推动生态技术实现重大突破，推动生态产业实现规模化和常态化，推动生态文明建设治理体系和治理能力现代化再上新台阶，迎接并拥抱一个生态文明社会的到来。

第一节 人类文明遵循生产力和生产关系的基本规律

一 人类社会大致已经经历原始文明、农业文明、工业文明

人类文明是向前发展的，基于人类生产方式的不同，摄取能量和利用自然资源的方式的不同，也就是基于莫里斯社会发展指数，把人类文明的发展分为三个历史时期：一是距今一万年以前的渔猎文明，或称原始文明时代；二是距今一万年前后，以农业文明代替原始文明开始，开启农业文明时代；三是300年前，工业革命，以工业文明代替农业文明，这是人类

社会的第三次文明时代。因此，人类文明以原始社会—农业社会—工业社会模式向前发展。

原始文明时代，人类依赖集体的力量生存，那时人类的生活，物质生产活动主要靠简单的采集狩猎，是与自然融为一体的。人类的生活，严格地服从生态规律，具有更多的"自然性"。

农业文明时代，就整个人类史而言，农业革命彻底改变了狩猎采集社会的生产生活方式，开始创造自己生产粮食的小生态系统，既提高了生态系统产量中可供人类消费的比例，也提高了生态系统对人类的承载力。与此同时，生产力的发展使得产品出现剩余，社会阶级和等级开始出现。人文科学取得了长足的发展，自然科学仍以经验的形式存在和发展。农业文明的重要成果也包括了赞天地之化育的农桑技术、提出弱平等主义的人道主义、有闲阶级创造了灿烂的文化等等。

在现代社会，人类文明主要以工业文明的形式存在。工业文明以工业化为重要标志，以科技进步为核心。科技发展对社会的影响不仅体现在经济上，还体现在人类生活的现代化、城市化。在政治和其他文化方面，它促进了社会的整体进步。

正如本书第三章第一节关于人类文明文化发展一般规律已大致指出的，人类文明从无到有、从小到大，乃至循序渐进发展的规律，具有一个自身的发展性、稳定性和传承性。文明发展的不同阶段有不同的特点特征，可以据此划分不同的发展阶段，但这种划分是相对意义上的划分。一般来说，在文明发展的不同阶段，后一阶段会包含前一阶段的发展。例如，农业在农业社会中已经成为社会的中心产业，但采集、狩猎依然存在；在工业社会中，工业已成为社会的中心产业，但渔业、狩猎和农业仍然是重要的产业。但从根本上说，只有基于生产力巨大变革的产业革命的成果，才是人类社会文明发展进步的最终决定力量。

二　生产力始终是人类社会不同发展状态的最终决定力量

生产力是劳动者适应和改造自然的能力，亦表述为人类创造物质财富或者进行物质生产过程的能力。生产力的主体是作为劳动者的人，其客体是劳动对象，而生产的介质，则是劳动资料。劳动者、劳动资料和劳动对象，共同构成了生产力的三要素，并决定着生产力水平的高低。

从劳动者视角看，在传统农业社会和工业文明兴起的早期阶段，劳动者生产能力的高低更多是由经验、劳动技能、技术操作的熟练程度来决定，体力劳动者的比重应当偏大一些。20 世纪 40 年代以来，随着信息技术特别是 20 世纪 90 年代出现的知识经济、智力资本的方兴未艾，使拥有现代科学技术的智力劳动者、脑力劳动者，日益成为推动社会发展和巨大进步的根本性变革力量。

从劳动资料和劳动对象视角看，劳动资料既包括生产过程所必需的基本物质条件、时空自然环境，也包括生产工具，但其核心要素是生产工具。它不仅直接反映人类适应和改造自然的深度和广度，而且是引领和直接推动生产力实现质的飞跃的突破点。在原始文明时代，人类经历了极其漫长的进化过程，石器的使用及至石器上的刻文、象形图画、图腾崇拜，既反映石器作为生产工具是使早期猿人向新人类演进过程中的标志性"工具"，也反映人类文明以"石器文明"作为其初始文明形态的生产方式、生活方式和精神风貌，等等；在农业文明时期，"铁器"在古老中国的率先发明和使用，既是中华民族开辟人类历史上第一大产业——农业的伟大智慧，发展了系统化、规模化、建制化的农耕体系和生产作业体系，又为世界范围内的农业传播起到了决定性作用（可以说，没有铁器就没有欧洲文明）。工业革命以来，前后经历了三次科学革命、四次技术革命、五次产业革命，创造了亘古未有的物质财富，对人类社会整体生产力的发展产生了巨大的推动力。

（一）关于三次科学革命

第一次发生在 16—19 世纪，突出地体现为"三大学说"（在这三大学说之前，古代欧洲和中世纪前的欧洲，一直受处于统治地位的教廷和《圣经》教义的影响，自然科学受神学影响很大），分别是哥白尼于 1543 年在《天体运行论》中提出的"日心说"、牛顿于 1687 年在《自然哲学的数学原理》中提出的"万有引力定律"和达尔文于 1859 年在《物种起源》中提出的"生物进化论"。三大学说为近现代科学技术发展奠定了人文基础、思想基石。第二次发生在 19 世纪末至 20 世纪中上叶，突出地体现为"三大科学理论"，分别是克劳修斯和韦伯等创立和发展的"电子论"、普朗克和爱因斯坦等创立和发展的"量子论"、主要由爱因斯坦创立的"相对论"，三大科学理论奠定了现代物理学的深厚基石，使人类认识和实践由宏观进入极其微小的微观领域，如现代核物理学、原子、粒子物理学，等等，都是建立在三大科学理论之上。第三次发生在 20 世纪 50 年代以来，被突出地称为"三论"，即作为"老三论"的 SCI 论——系统论（system）、控制论（control）、信息论（information）和"新三论"的 DSC 论——耗散结构论（dissipate）、协同论（synergism）、突变论（catastrophe）。新老三论，使人类能够看到一个透明的、高度有序的系统世界，从而引发人类对空间、太空、宇宙全新的世界观。

（二）关于四次技术革命和五次产业革命

四次技术革命，分别是：17—18 世纪蒸汽机和纺织机的发明和应用、19 世纪发电机和电动机的发明和应用、20 世纪电子管、集成电路和电子计算机的发明和应用、20 世纪下半叶微型计算机、互联网、生物工程技术和航天技术的发明和应用；五次产业革命，依据钱学森产业科学划分理论，分别是：大约 1 万年前发生在中国的农牧业生产，大约 3000 年前发生在中国的商品生产，18 世纪发生在英国的工业革命及其大工业生产，20 世纪初在西方主要发达国家兴起的国家和国际产业组织体系，20 世纪中叶以来世界范围内发生的以电子计算机和信息化为主要内容的现代产业体系。

从生产力特别是从其组成要素的劳动者素养、劳动（生产）工具视角看待人类社会发展的不同阶段，可以说，人类社会发展和进步的历史，就是劳动者以无穷探索和实践应用的自然科学（这里也包括经验）以及由之转化而来的科学技术，使用劳动工具，作用于劳动对象的科学体验史、技术探索史。然而，这个历史过程的不同发展阶段、社会形态，是以作为辩证法三大规律之一的否定之否定规律来体现和印证的。否定之否定，揭示了事物前进性和曲折性的统一，"肯定—否定—否定之否定""常态—非常态—新常态"，无不说明人类社会不同发展状态随着"生产工具"这一决定性因素的不同而实现的不同历史阶段的历史性变革。基于此，要从生产力始终是人类社会不同发展状态的最终决定力量的视角，看待当下中国经济社会发展进入新常态的"工具性""技术性"变革要素，而不是经济跑不动了、消费上不去了、供给侧改革不发力了等庸俗性视角，人为看低、看小新常态的时代趋势。同样，生态文明社会的到来，一定有赖于绿色化生态技术的真正突破。

三　现代化尤其是科学技术现代化孕育了生态文明

现代化是当代世界发展的大趋势，而现代化的本质是科技创新与进步。为了认识这个问题，必须了解工业化生产方式、信息化生产方式的兴起和历史走向。也只有从这个时代背景出发，才能更深刻地认识生态文明的内涵与发展。

18 世纪 60 年代，工业革命首先在英国发生，人类的物质生产方式发生了从传统农业向现代工业的变革，开启了世界现代化的历史进程。工业化阶段分为三个时期：一是以 1776 年第一台瓦特蒸汽机的投产使用为标志，开始了生产过程的机械化。二是 19 世纪 60 年代电力、内燃机的发明和使用，开始了生产过程的电气化。三是 1946 年第一台电子计算机 ENIAC 的诞生，开始在工业生产过程中使用微型计算机，在生产设计、加工制造、试验等重要环节中辅助人脑工作（计算机辅助技术），开始了生产过程的自动化。此后，以信息科学技术为基础的科技革命，把世界现代化进程推向一个新的发展阶段——信息化阶段。

人类对自然的认识和研究，包括无机自然界和有机自然界的研究，上升为科学，其根本目的在于发现自然现象背后的规律，更好地为人类的社会实践服务，从而促进社会生产力的解放和发展。简言之，自然科学的研究及其成果作用于生产过程，并成为现实的、直接的生产力，推动生产力解放和发展，促进社会进步与繁荣。按照世界和中国著名科学家、空气动力学家、系统科学家、工程控制论创始人之一的钱学森先生关于五次产业革命划分理论，信息化浪潮的兴起和信息产业的蓬勃发展，就其产业形态和发展的历史阶段而言，仍然属于第五次产业革命范畴。但是，当前人类社会正经历着一次新的产业革命——"第六次产业革命"。这次产业革命的显著特征就是以"生物工程"这门科学和"技术"为基础，以太阳光为能源，利用生物、水、大气等，发展"生物工程产业"，形成包括农业、林业、草业、海业、沙业在内的大农业型知识密集型产业，从而引发第六次产业革命。这次产业革命的实质，我们理解，就是生态文明最根本的形成基础——物质形态。随着生产方式的变革，必然引起文明的转型。

四　现代化与绿色化的高度融合是当今世界发展的大趋势

马克思、恩格斯在《新莱茵报——政治经济学评论》中指出："现代自然科学和现代工业一起变革了整个自然界，结束了人们对于自然界的幼稚态度和其他的幼稚行为。"① 如前文所述，20 世纪 40 年代，第一台电子计算机在美国问世，信息技术和信息产业革命由此爆发。经过半个多世纪的发展，信息技术早已进入大数据、云计算的时代。"大数据"就是海量信息资产；"云计算"，就是能够提供计算服务的计算集群。大数据的意义不在于海量信息资产，而在于如何对这些海量信息进行处理，这个处理的主要手段或者主要技术就是"云计算"。大数据和云计算，推动"智慧地球"走向生态绿星球。智慧地球是 IBM 公司经过对世界经济发展趋势及全

①　《马克思恩格斯全集》第 7 卷，人民出版社 1959 年版，第 241 页。

球市场变化的长期跟踪、分析后提出的人类社会发展新愿景、新理念。智慧地球认为，人类社会正经历着几乎任何领域、任何物品如医疗、交通、电力、食品、气候、能源、城市都可以实现数字化和互联网互联互通的现实；未来所有的行业、设施都有可能安装并应用智能技术，使得人类可以最大化地利用信息资源，进而向整个社会提供更加智能化、便捷化的绿色服务。

现时代，新常态下的当代中国，信息化浪潮同样风起云涌，不仅极大地挑战和改变了人们的传统生活方式，就信息化与生态文明建设的关联性而言，也改变着国家推进环境保护治理的现代化水平。2019年我国率先宣告步入"5G商用时代"。从1G时代我们什么技术都没有到5G时代，控制信道编码使华为等中国企业主导了具有大量技术积累和领先优势的Polar码，我国的科技创新越来越多地参与国际竞争，也越来越多地做出自己的贡献。5G技术创新将涵盖政务、交通、物流、制造、教育、医疗、旅游、环保、媒体等各个行业。我国环境保护部门也正是在此基础上，已经能够运用大数据等现代技术，在提高环境科学决策、污染源监测、公共服务、社会管理和生态文明建设水平等方面，付诸实践。进入2020年，由5G技术、5G产业引领的基于5G网络、数据中心的"新型基础设施建设"（简称"新基建"）加速起跑，新基建有望成为我国新的经济增长点，成为推动我国经济高质量发展的动力引擎，它将推动实体经济有效地与互联网技术、人工智能、大数据分析高度融合，助推形成虚拟/增强现实、智慧交通、智慧医疗、智能网联汽车、工业互联网、超高清视频等更多的智能实践应用。这里需要指出，按照钱学森五次产业革命划分理论，信息化浪潮的兴起和信息产业的蓬勃发展，就其产业形态和发展的历史阶段而言，仍然属于第五次产业革命范畴。在信息化、产业体系现代化、城市群与城乡一体化、国家治理体系现代化和新型全球化"新五化"高度融合的中国经济社会新常态下，科学技术，特别是绿色、低碳和循环发展技术，正快速向生产力诸要素全面渗透、全面融合，使自然科学研究取得重大飞跃，形成先进技术；先进技术的产业化导致产业革命的到来，从而引发社会的全面变革。这次新的科学技术、产业革命的变革，就是钱学森曾预言并指出的由中国在21世纪引领的"第六次产业革命"。这次产业革命的显著特征就是以"生物工程"这门科学和"技术"为基础，以太阳光为能源，利用生物、水、大气等，发展"生物工程产业"，形成包括农业、林业、草业、海业、沙业在内的大农业型知识密集型产业，从而引发第六次产业革命。生态文明作为旨在实现人与自然和解和谐与人类本身和解和谐的最高社会文明形态，没有生态化的产业基础构建和坚实的绿色国民经济基础，我们就不可能实现社会形态由工业社会文明形态向生态文明社会形态的历史转型。显而易见，主动拥抱第六次产业革命的到来，是中国引领全球生态文明建设的真正开端。

第二节　为什么强调由工业文明向生态文明范式转型

一　工业文明不是万能的，自然科学与技术是一柄双刃剑

近300年来，科学技术对人类社会和文明产生了巨大的影响。工业革命让人类由手工劳动时代进入机器生产时代，第二次工业革命进入电气时代，生产力得到质的发展。科学技术发挥作为第一生产力的作用，全力发明、制造和使用更先进和更强有力的工具，向自然进攻和向自然索取，在利用和改造自然的斗争中，把自然条件和自然资源转化为物质财富，实现世界工业化和现代化。但是，这只是人类的局部成功，而不是最后成功。当前全球性的环境污染和生态破坏的严峻现实表明，工业文明不是万能的。遵循工业文明范式的科学技术万能理论，实行人统治自然的实践，环境污染和生态破坏对人类在地球上持续生存提出严峻挑战，表现了工业文明科学技术的局限性。

自然科学与技术在推动社会生产力发展的同时，也给人类生存的自然环境造成不可挽回的破坏。科学技术的发展既有与人的需求和发展相和谐的一面，也有与人的需求和发展相冲突矛盾的一面。甚至在某种程度上，现代生态系统的高度紧张，恰恰源于人们对科技进步的盲目应用。美国生物学家康芒纳就此指出："新技术是一个经济上的胜利——但它也是一个生态学上的失败。"① 氟利昂（FREON）就是技术成功等于生态失败的一个典型事例，20世纪30年代，美国杜邦公司将它命名为氟利昂并开始大量用于商业生产，曾创造了22亿美元年销售额的巨大成功。但是直到20世纪80年代，科学家逐渐发现这类合成物有臭氧层破坏的害处。联合国也随之通过了《特伦多备忘录》，要求大量减少氟利昂的使用。然而问题

---

① 〔美〕巴里·康芒纳：《封闭的循环——自然、人和科技》，侯文惠译，吉林人民出版社1997年版，第120页。

远未到解决的程度，2015 年 10 月，美国宇航局国家海洋和大气管理局（NOAA）的科学家称臭氧层空洞扩大到了峰值——2820 万平方千米。[①] 因而，科学技术发展中的一些基本价值问题，单凭自然科学与技术不可能解决人类面临的困境。

工业文明崇尚技术引领、效用为先，总以为能够以"一物"刺激"一物"，一物能够"降"一物的理念在治理污染中不断扩大社会大生产，形成大系统。现在看，当今世界和我国的环境问题，既有资源直接损耗的一面，如人类对矿石、石油等各种不可再生的矿产资源无节制开发。还有如废水、废物等净化设施的生产和建设所导致的二次消耗和二次环境污染也很严重；人类在感叹着工业文明的神奇力量的同时，却无视对整个生态系统的破坏，使得地球整体系统不堪重负，整个自然系统不能以自然之力恢复自然。2019 年年末暴发的这次全球性疫情，同时警示世人，人类社会已经处在一个世界范围、"小小寰球"的命运共同体中。由这场疫情所引发的危机，不是个人危机，也不是一国、一政府、一社会组织的危机，而是一场全球性变迁。人们再次觉醒，人类其实很脆弱，高效率、工业化、所谓富足的现代生活可以随时戛然而止。这都促使人们从工业文明"人与商品"的狭隘空间拓展到生态文明"人与自然"更宏大的时空中，并形成对工业文化主导下关于发展本质，即发展究竟为了什么的哲学思考。可以说，工业文明不是万能的。

二　中国十分清楚地认识到走传统工业文明的老路走不通

20 世纪中后期，人与自然生态关系矛盾的全面凸显，全球性、区域性环境资源生态危机，同样引起了中国的高度重视。中国建设生态文明，是在总结近 300 年来工业文明世界发展的经验的基础上提出的。

首先，中国的基本国情决定了中国不能走传统粗放型发展老路。人口众多，耕地稀缺，资源有限，环境污染容纳力承载不足，这是中国必须长期面对的基本国情。从长远看，两个情况不会改变：一是人口多、资源人均占有量少的国情不会改变。二是非再生性资源储量和可利用量不断减少的趋势不会改变。也就是说，经济发展和人口资源环境的矛盾会持续存在，甚至在某些情况下还特别突出。

[①]　Nasa, 2015 *Antarctic Ozone Hole larger and formed later than previous holes*, http：//www.enn.com/ecosystems/article/49119.

　　其次，中国的环境污染的严峻现实同样是中国走向生态文明建设之路的最直接动因。1978 年后，中国实行改革开放政策，经历了新中国成立以来历史上最快速的发展时代。一是从国内产业布局来看，中国一度经历了工业文明历史上走过的发展道路，发展工业就是单一发展工业的支柱产业，如火电、钢铁、石油化工、焦化等行业，这些行业都是污染大户；发展工业就是重点发展区域经济，如部分流域、能源基地以及快速城镇化地区，这需要消耗大量物质资源与能量资源；发展工业仅仅考虑产量、产值、利润、税收和经济增长，没有认识到对生态环境的影响。特别是房地产业的快速增长，新增建设用地规模过度扩张，土地粗放利用，进一步加剧了人地矛盾。习近平总书记指出："如果仍是粗放发展，即使实现了国内生产总值翻一番的目标，那污染又会是一种什么情况？届时资源环境恐怕完全承载不了。"① 二是从国际产业布局看，改革开放之后，中国积极融入全球化，加入了世界贸易组织。但很长一个时期以来，中国在全球产业链中处于"世界工厂"的地位，在很大程度上，我们是以廉价的劳动力、以牺牲资源环境为代价向世界输出了附加值不够高、科技含量低的原材料产品。甚至一度成为世界主要发达国家洋垃圾的中转站、仓储库。在这种背景下，一方面，中国对内要面临着环境保护、区域发展不平衡、资源环境承载力的巨大挑战，人与自然关系的矛盾十分突出；另一方面，已经完成工业化的西方主要发达国家，还要以"教师爷"的人权居士、环境权居士反复向中国施加压力。

　　当发达国家依靠环保产业、产业升级和污染转移，丧失了从工业文明向生态文明转变的强大动力时，中国环境污染和生态破坏的种种问题，能源和其他资源短缺的种种问题，同时并全面综合地凸显出来，成为经济进一步发展的严重制约因素；同时，社会和民生的种种问题，又与环境问题错综复杂地交织在一起。中国在一代人时间里所要肩负的历史重担，相当于美国几十届政府共同完成的发展成果。这种复杂性和历史使命的特殊性是一个巨大压力，一种严峻的挑战。如何应对这种压力和挑战，怎样化解我们面临的问题？压力和挑战又成为一个伟大的动力。我们已经十分清醒地认识到，走老路，按西方工业文明模式发展，这已经没有出路。

---

　　① 中共中央文献研究室：《习近平关于全面深化改革论述摘编》，中央文献出版社 2014 年版，第 103 页。

三   在推动人类文明由工业文明向生态文明范式转型的宏大历史视野下高扬生态文明旗帜①

英国历史学家、哲学家汤因比关于人类历史有两个主要过渡时期的思想。第一个过渡期，是人类从自我意识的产生到西方工业文明为代表的人类中心主义的形成；现在人类即要走向"新意识的过渡"的第二个历史时期，他以承认"自然界的价值"为前提，提出超越人类中心主义，以"人类与自然界和谐发展"为目标，认为这是世界史进程的一次最重大的历史性转折。德国大气化学家、诺贝尔奖获得者保罗·克鲁岑认为，人类社会进入工业文明后，才是真正人类学意义上的时代。换句话说，地球地质的人类世，开端于以瓦特改良蒸汽机为开天辟地之始的工业文明。他同时指出，工业文明是"地球新突变期"，是"人类与自然界的逆向巨变"，即"地球结构畸变、功能严重失衡的新突变期"。② 这也表示，人类文明将迎来一个转折，一个新起点。美国生态哲学家赫尔曼·格林认为，人类将进入"生态纪元"时代，提倡一种新型的人类与地球的关系，地球共同体的整体安宁是其根本的关注。③

这个新的历史起点，我们以为，就是作为工业文明分水岭的、由中国和中国共产党倡导的生态文明建设及其根本思想遵循——习近平生态文明思想，在其哲学世界观、价值观和思维方式方面，都倡导对工业文明及其文化理念、制度机制、生产方式、发展方式的全方位变革，建设人与自然和谐共生的价值观，形成人类文明新形态。可以说，我国的生态文明建设，就其全球语境而言，是作为世界上最大的发展中国家，通过生态文明建设，科学破解困扰人类社会工业文明以来数百年间关于发展和保护"二元悖论"，自觉走"绿水青山就是金山银山"道路的历史性创举。不仅对仍然处于发展中的广大第三世界国家有历史借鉴意义，也对处于后工业文明时期的发达国家，探索推动整个人类社会如何实现由工业文明向生态文明范式转型、促进人与自然和谐共生、建设美丽星球和美丽世界，具有划时代的历史意义。

---

① 参见黄承梁《中国共产党百年生态文明建设的历史逻辑和理论品格》，《哲学研究》2022年第4期。

② 黄承梁、余谋昌：《生态文明：人类社会全面转型》，中共中央党校出版社2010年版，第64页。

③ 〔美〕赫尔曼·F. 格林：《生态社会的召唤》，《自然辩证法研究》2006年第6期。

第三节　把握生态文明技术与产业革命历史趋势

一　生态科技的起源

科技是随着人类社会的产生而产生，随着人类社会的发展而发展的。马克思说过："自然界没有制造出任何机器……它们是人类劳动的产物。"① 科技贯穿于人类劳动的整个过程，并推动实现了人类的产生、进化、解放，还很大程度上决定着人类的文明和发展。为了对科技有一个全面的了解和认识，需要从人类社会发展的不同时期来分析。

原始社会可以被称作科技产生的萌芽阶段。原始社会的早中期，人类还处于蒙昧状态，对自然规律不能作出科学的认识与解释，这个时期人类的生存完全依赖于现有的自然资源。最初，人类只是用天然的石料和木棍作为获取食物的"工具"。随着活动经验的积累和自身意识提高，逐步掌握了打造木质工具和石制工具的技术。后来又经过长期发展懂得了钻木取火，用火来取暖、烧烤食物、驱赶野兽。尤其是火的使用，这是人类首次对大自然的利用与改造，它标志着文明向前迈出了关键的一步，意义不亚于人类发展史上的任何一种科技发明。这一阶段可以称得上科技的新生阶段，是人类早期科学技术的萌芽。

本书第三章第二节探讨了资本主义制度下科技异化的有关理论。马克思对此做出深刻批判："矛盾和对抗不是从机器本身产生的，而是从机器的资本主义应用产生的！"② 就科技本身而言，科技负效应产生的根源并不在于技术本身，而是人类对技术不合理的运用。综观科技发展进程中的异化史，科技负面作用产生的原因主要有以下几点：

一是人文关怀的缺乏。长期以来人们狭隘地将人文关怀理解为对人的关怀，却忽视了人的生命是大自然的恩赐，人类社会的和谐和可持续发展取决于与大自然的融合，而大自然的生命则来源于自然规律的正常运行和人类对她的呵护。因此真正的人文关怀不仅包括人类对自身社会的关怀，也包括人类对自然世界的关怀。自欧洲工业革命以来，科学技术的飞速发展使得生产效率显著提高，人们的生活方式更加便捷，社会生产力以几何

---

① 《马克思恩格斯全集》第 46 卷（下），人民出版社 1980 年版，第 219 页。
② 马克思：《资本论》第 1 卷，人民出版社 2004 年版，第 508 页。

级数倍增，通过科学技术的发展，人们在短期内就能取得达到甚至高于预期目标的显著成果。科技的这种见效快、成本低、成效高的特点使得人们从一开始的崇尚科技发展到过分迷信科技，甚至催生科技万能论、科技乐观主义、唯科技主义的观点。于是，在科学技术能带来更加美好未来的信念下，在借助科技力量使得人类按照自己意愿改造自然的能力大为增强的时代条件下，人类开始无限膨胀，逐渐忘记了自身也是自然界的一部分，以至于把人类与自然界割裂开来甚至绝对对立起来。

二是认识方法的局限性。近代自然科学发展 400 余年以来，人类通过把自然界细分为许多独立的部分或者单独的方面去研究，建立了庞大的自然分析学科体系，较为准确地研究了自然界。然而，自然界是一个由生物群落与无机环境通过能量流动和物质循环而相互作用的统一整体，其中的各个组成部分之间互相依赖、相互联系。自然分解的分析方法人为地割裂了自然界系统的内部关系，缺乏整体的、长远的、联系的研究理念使我们"只见树木、不见森林"，因而顾此失彼、一叶障目的情况也就不足为怪。比如，化肥农药的开发只考虑近期内最有效地杀死害虫，促使农作物增产，而没有注意到其长期使用对土壤、江河、生物种类以及人类健康的危害作用。又如，生物工程技术研究只注重如何使医药、农业、畜牧业等获得长足发展，而没有预测到这些生物技术可能产生许多有新的遗传特性的细菌和微生物，它们生长、繁殖和突变，世世代代污染生物基因和周围环境，破坏着自然系统的生态平衡。

三是价值观的扭曲。科技发展与科技价值观之间存在一定的辩证关系。科技异化影响科技价值观的选择，科技价值观也会引导科技异化的走向。价值观的本质或者是实质，是主体需要、利益的内化。在现代社会，出于保护资本、追求利润的需要，整个社会的发展向度完全受资本的支配，科技开始逐步沦为人类逐名追利、任意控制与摆布的工具。

我们对科技的辩证批判并不意味着"因噎废食"，更不意味着放弃科学技术的研发和应用而回到原始的自然状态中，"人类社会不可能因为生存悖论的产生而停止前进，但是，它却提醒人们，人的一切行为都必须以人的生存作为终极关怀……人只有依靠科学技术，寻求资源与环境的最佳结合点，才能从根本上解决发展问题"[①]。那么，究竟要发展什么样的科技才能既造福于人类而又避免因其异化对社会产生负面效应呢？生态科技由此应运而生。

---

① 张纯成：《天人关系与人的生产》，《河南大学学报》（社会科学版）2004 年第 4 期。

二　生态科技的基本概念与内涵

生态科技也称环境友好科技或绿色科技，这一概念源于 1992 年联合国环境发展大会通过的《21 世纪议程》。生态科技在学术上目前还没有统一而权威的界定。对于生态科技的定义，众多领域的专家学者对其有各自的观点。有学者认为，生态科技就是适应于可持续发展要求的科技，是对整个科学技术活动的一种导向，是为了解决生态环境问题而发展起来的科学技术，是有益于保护生态和防治环境污染的科学技术。有学者认为，生态科技的核心是研究和开发无毒、无害、无污染、可回收、可再生、可降解、低能耗、低物耗、低排放、高效、洁净、安全、友好的技术与产品。《中国绿色科技报告 2009》认为，生态科技是指相对于传统技术手段能够给使用者带来相同或者更大利益的科技、产品和服务，与此同时能有效地控制对自然环境的影响，并提高能源、水和其他自然资源利用效率和其使用的可持续性。总之，在"科技"前冠以"生态"，表明该科技有益于环境或于环境无害。笔者在借鉴众多学者关于生态科技定义的基础上，将生态科技简单概括为能够促进资源合理利用、改善环境状况或至少是无害于生态环境的技术工具和手段。

三　生态科技发展的主要趋势

根据不同阶段的具体情况，随着人类认识水平的提高和参照对象的变化而对生态科技进行不断修正、完善和整体优化。总体看，生态科技发展主要趋势呈现以下特点：

一是科技颠覆性越来越强，产业结构将发生重大变革，生产力将迎来巨大发展。近些年自国际金融危机发生以来，新一代通信技术不断发展，5G 技术商业化指日可待，并且与先进制造技术不断融合，以智能制造为代表的产业变革正在兴起，3D 打印技术也不断成熟，未来制造业可能需要更少的劳动力实现更大规模的高质量生产，劳动力也将从枯燥的流水线上解放出来，数字化、网络化、智能化将成为制造业发展的主要趋势，传统制造业高污染和高能耗的模式发生改变，清洁生产、循环利用将是未来制造业的必备特征。

二是未来科技将更加以人为本，绿色、健康、智能三大特征将引领科技创新发展方向。传统农业低效低产出低利润，随着目前发展的分子模块设计育种、加速光合作用、智能技术等研发进程的不断推进，未来农业将与科技紧密结合在一起，绿色科技农业指日可待。物联网技术已进入商用阶段，远程医疗将不再只是概念，基因测序、分子靶向治疗等手段将解决目前一干医学难题，个性化精确治疗将得到应用，全球医疗资源匮乏地区也将受惠，医疗资源未来将被极大整合丰富利用，未来医疗行业将进入低成本普惠医疗模式。

三是能源科技将向多元化、低碳化、智能化和分布式方向发展。化石能源的使用虽然在短期内仍然会继续增加，但长远来看，化石能源的使用量必然会下降，可再生能源、核能未来将被大规模推广使用，能源将对环境更加友好，可供使用的能源种类与总量也将远高于目前，对于能源的利用率也将有所提升。当下兴起的新能源汽车等项目已经走在了能源科技的发展前列，可以预见，未来不只是汽车，还会有更多的新能源利用项目。

四是科技发展将更加注重环保，生态环境科技将迎来全新发展。环境变化对生态系统的影响被提升到前所未有的高度，从生态学的角度认识和解决环境问题成为必然选择。环境科学与环境工程等学科近些年飞速发展，生态工业、生态农业和绿色人居等领域蓬勃发展，循环经济、低碳社会成为人类活动与产业创新的主导方向，必将带动生态环境科技进入一个全新时代。

五是空间科技将日益改善人类生活质量，拓展新的人类领域。科技的发展使人类对地球表面积的利用率大大提高，摩天大楼等建筑物不断增多，各类新式航天器、无人机日益增多，无人机也走入平民百姓，GPS、北斗导航等定位技术已成熟完善，卫星也为我们的生活提供了诸多便利，人类对目前生活环境的利用已经从地表扩展到外太空，空间科技与信息科技等不断交叉，未来的空间科技将更加超出想象。

六是材料科技将追求高性能、低污染、低成本发展。日常中常见的水泥、陶瓷、玻璃、金属、木材和高分子材料，碳纤维、高温合金、隐身材料、激光晶体等先进材料都是材料科技目前所涉猎的方向，但目前许多高科技材料对稀贵元素、金属十分依赖，已有元素可供开采年限并不多，未来材料科技的发展将致力于减少对其依赖，大幅降低成本，并不断改良现有材料的性能，同时注重环境效应，实现高性能、低污染、低成本发展。

四　中国生态科技的发展现状

党的十八大以来，尽管我国生态科技的发展已经开始起步，一定程度上奠定了良好基础，在一些领域进展十分迅猛，多项指标已经跨入世界前列。但是，我们也要清醒地认识到，我国生态科技的发展依然落后于国际先进水平，远远不能满足清洁生产、循环经济等领域的技术支持需要。

一是生态科技意识淡薄，经济效益仍占上风。

科技活动是人们在一定的世界观和价值观指导下进行的科学研究和技术研发实践，人们在从事科技决策、技术研发以及成果应用等活动时应恪守一定的伦理原则和道德标准，使科学技术朝着"服务于全人类，服务于世界和平、发展与进步的崇高事业，而不能危害人类自身"[①]的方向健康发展。然而，长期以来，在唯 GDP 的传统发展观指导下，我国科技的研发应用始终坚持经济效益优先的目标导向，科技的社会功能和生态功能大大弱化。

以农业技术为例，20 世纪末，生物界就已经证明了化肥、农药、地膜等农业技术的滥用对土壤、农作物及生态健康的严重副作用。可是，为了提高眼前短暂的土地产出水平，这些农业技术在我国依然大量推广使用且呈增长趋势，数据显示，我国每年地膜覆盖面积达 1.8 亿亩以上，地膜的年需求量在 45 万吨以上；农用膜实际消费量超过 110 万吨，农膜使用量居世界第一[②]。农膜材料中含有高分子化合物，在自然条件下难以正常分解，可残存 20 年以上，它们会对土壤的透气性产生影响，会破坏土壤水肥的运转和物质交换，长此以往，这些土地的性状就发生了根本改变，最终成为不毛之地。而且，农膜中的增塑剂在土壤中挥发，影响农作物根系的生长发育，破坏叶绿素的合成，致使作物生长变异且产生毒性，成为人们健康的隐形杀手。

二是开发利用成本高，产业化进程缓慢。

由于技术不成熟、规模偏小、基础设施不完善等原因，生态技术和产品的成本较高，被市场接受的程度相对较低。以发电技术为例，目前我国各类新能源发电成本都高于燃煤发电和水力发电，假定燃煤发电成本为 1，则核能发电的成本略高于煤电，生物质发电成本为 1.5，风力发电成本为 1.7，太阳能光伏发电成本为 11—18，[③]燃料乙醇和生物柴油的成本也高于汽油和柴油。再例如，我国废弃物处理技术的使用，在很多情况下把废旧产品和生产过程中产生的废弃物变为有用资源的再生产成本比购买新资源的价格更高，诸如此类的还有治理污水的成本远远超过工厂生产产品的利润等，投入—产出比悬殊使得企业运用生态技术效益微薄甚至面临难以为继的局面。高昂的成本是阻碍生态技术市场化和产业化的直接原因，成本

[①] 江泽民：《论科学技术》，中央文献出版社 2001 年版，第 157 页。
[②] 陈学思：《生物可降解高分子材料》，《科学观察》2018 年第 13 期。
[③] 闫强：《我国新能源发展障碍与应对——全球现状评述》，《地球学报》2010 年第 10 期。

过高会抑制生态技术市场容量的扩大，反之，市场狭小又会给生态技术的成本降低造成障碍，形成恶性循环，这也是为什么我国很多生态技术和产品"叫好不叫座"的原因所在。

此外，表现在环境应急方面，源头控制技术落后，环境应急监测不足。随着社会经济的迅猛发展，城市人口会越来越集中，会造成突发性环境污染事故日益增多，这是构成社会不安定的因素。建设既能对突发性环境污染事故实施统一协调、现场快速监测和应急处理又能对污染隐患进行监控和警告的应急响应系统，对于有效控制污染范围、缩短事故持续时间、密切监视污染发展态势以及防范环境污染事故具有重要意义。

五　在科学把握新常态阶段性特征中把握生态文明建设的时代性趋势

当前，中国经济社会发展新常态的阶段性特征，主要表现在三个方面：一是经济结构显著改善，一、二、三产业比重更加合理，城乡二元结构更加均衡，趋向于一体化；二是经济增长速度放缓但经济增长方式更加健康；三是推动经济增长方式和经济结构转变的要素由资源驱动、投资驱动不断走向创新驱动，创新在新发展理念的五大发展理念中居于首位。这些阶段性特征，与生态文明建设基本内涵、内在要求日渐趋同趋近，反映出新常态下的经济社会发展与生态文明建设两者在本质方面的高度竞合。这里着重就新常态下经济结构和创新驱动与生态文明内在要求的竞合性予以说明。

（一）关于经济结构

我国国民经济的结构，在农业、工业和第三产业（服务业）比重中，重化工业比重一度非常大。一提到发展工业，就强调发展支柱产业。如钢铁、煤炭开采、石油化工、焦化、超级火电、水泥等等；一提到工业产业集群，就是区域经济，如一定是立足东北亚、放眼亚非拉、宽广至太平洋世界的最大规模重化工业基地、最大规模能源基地；一提到对国家的贡献，就是产量最大、产值最高、利润和税收双第一，等等。显然，这些行业、这些区域经济，可以说都是高污染大户，消耗了大量物质资源与能量资源，对自然生态环境造成了极大的破坏。新常态下，产业经济结构发生了极大的变化。

首先，在工业产业中，战略性新兴产业蓬勃兴起。工业文明的物质基础是工业，它的国民经济结构是三次产业，即农业、工业和服务业，其工业化的重要战略是以自然资源与能源资源的消耗为中心推动经济社会发展；生态文明的物质基础是生态化的国民经济及其产业结构。生态工业的发展理念是从人与自然的和谐发展出发，以新的人与自然之间的物质变换关系为前提，是一种既满足环境保护和人类健康要求，又能最大限度发展生态工业生产的最优化模式。显然，战略性新兴产业，符合生态工业的一般发展理念。党的十九大将"壮大节能环保产业、清洁生产产业、清洁能源产业、推进资源全面节约和资源循环利用"作为建设美丽中国，推进绿色发展的重要任务。以新能源汽车产业为例，目前已经在各主要省会城市大规模推广和运营，绿色节能低碳产业规模不断壮大，进而引发资本市场对新能源汽车产业的强烈资本逐利与投资。再如新材料发展，新材料未来将成为各大国角逐竞争的重点，它作为国民经济先导产业和高端制造及国防工业的重要保障，必将成为各个国家战略竞争的聚合点。目前，在新一轮科技革命和产业变革调整的大趋势中，新材料与信息、能源、生物等高科技技术的融合加速。美国将新材料的重点放在发展生命科学、信息技术、环境科学等方面，力求处于全球领先的位置；日本则更注重实用性，考虑环境、资源的协调发展，重点开发资源与环境协调性的材料以及减轻污染且有利于再生利用的材料。党的十九大则明确指出我国要由制造大国向制造强国迈进，促进我国产业迈向全球价值链中高端。此外，数据表明，新常态下，服务业在国民经济结构中的比重实现较大幅度提升，这与我国生态文明建设初级阶段的基本任务和立足点，即转变发展方式、调整产业结构的基本目标是一致的。

（二）关于增长速度

习近平总书记反复强调，速度不是越快越好，关键在于质量和效益，否则速度也难以为继。传统单一追求速度的增长模式，造成了很多社会问题，危害性极大。一是唯 GDP 的政绩观和指挥棒。一些地方和企业联手，过分强调大、快、赶、超，盲目上马、盲目获取政绩、疯狂积累财富，企图一夜暴富，上项目缺乏系统论证、科学规划、长远眼光，重速度轻质量、重开发轻保护。可以说，今天我国环境保护亟待解决的一些重大的民生环境问题，如土壤和水流域重金属超标问题、基本农田大面积损坏和侵占的问题以及空气质量问题，在很大程度上，是快速发展、粗暴发展长期积累和层层叠加的结果；二是在全社会普遍形成了快速消费文化，其表现形式就是过度消费、炫耀性消费、土豪式消费、浪费性消费。新常态下，我国经济增速放缓，但我们正在以平常心态，客观看待数字，向着实实在在的质量型发展、绿色发展和低碳发展推动人与自然和谐发展、社会可持续发展，着力实现"树上山、水中清、天变蓝、地变绿、煤变气、城变美"的民生建设蓝图，尽管这条道路仍然极其漫长。当前，国家正在建立和完善绿色 GDP 考核评价体系，党的十九届四中全会再次从推进国家治理体系和治理能力现代化的战略高度，要求建立和完善领导干部环境损害审计制度、责任终身追究制度，对那些因盲目决策、匆匆上马、不顾生态环境保护造成损害的，坚决予以追责；另一方面，全面推动环境保护信息公开制度，积极构建政府指引、社会公众广泛参与的公众治理模式。这都有助于社会各界辩证看待新常态下的发展速度问题，从而也向着实现人与自然和谐的精神世界迈进，而非过分强调外在物质要素，进而实现人的全面发展。

（三）关于创新驱动

新常态下，创新、协调、绿色、开放、共享的新发展理念是关系我国发展全局的一场深刻发展理念变革。其中，创新居首，贯穿于转方式、调结构、产业升级的全过程。

首先，以工业生产流程创新为例。传统工业生产有两个弊端：一是"末端控制"，即我们通常所说的"先污染、后治理"，把保护环境的人力、物力、财力放在生产过程与生活活动已经造成的污染治理上。新常态下，党中央反复强调坚持生态文明理念优先、理念前置战略，明确要求将生态文明融入经济建设、政治建设、文化建设和社会建设的全过程，特别是将绿色发展理念与工业化、农业现代化、城镇化、信息化战略一起，实行"五化同步"战略。究其实质，就是实施从源头治理和保护的理念。如，划定生态红线制度，分类建立生产、生活和生态不同用途功能的空间规划和保护体系，对于自然生态功能区，红线制度尤其严格，恰如习近平总书记所指出的，"要牢固树立生态红线的观念。在生态环境保护问题上，就是要不能越雷池一步，否则就应该受到惩罚"①；又如国土空间开发保护制度，也要求从源头上，对土地、江河、领海、矿藏、森林、山岭等自然生态空间进行确权登记，落实自然资源用途管制制度，实施主体功能区制度，统筹协调人口、经济和资源环境的动态平衡，使自然环境资源承载能力和环境容量保持在合理范围内。二是"废物丢弃"，即我们通常所说的"只污染、不治理"，搞"原料—生产—产品使用—废品—弃入环境"的线性流程。新常态下，着力推动循环发展、绿色发展和低碳发展，推动生产过程由线性流程走向"原料—生产—产品使用—废品—再利用（二次原料

---

① 习近平：《在十八届中央政治局第六次集体学习时的讲话》（2013 年 5 月 24 日），载《习近平关于社会主义生态文明建设论述摘编》，中央文献出版社 2017 年版，第 99 页。

资源)"的闭合流程。如建立健全能源、水、土地等的节约集约使用制度和市场准入制度，按能耗总量控制制度倒逼市场主体推动循环经济发展和产业再造。这里有个实例，就是山东钢铁集团推行数年之久的"废物是放错了地方的资源"的废弃物（包括废水）再循环发展理念。

其次，以信息产业的兴起与生态环境治理信息化为例。资源节约，不外乎是作为基本生活资料的自然环境资源和作为支持、驱动大工业生产和运转的能源资源。我们国家对资源的保护，很重要一点就是对国土资源的基本保护，如土地、矿产和海洋资源等的基本保护。以土地综合治理和管控为例，近一二十年间，由于房地产业的蓬勃发展，肆意圈地、违规占地、随意侵占基本农田耕地的现象屡禁不止。新常态下，通过卫星系统、地理信息系统、大数据、云计算、软件监测诸系统，实现卫星、通信、数据、计算诸功能一体的监测、控制和管理功能，成为以信息化提升国土资源管理水平、治理能力和治理水平现代化的重要手段。

再者，生态技术的创新是生态文明的出发点，是可持续发展的立足点。习近平总书记指出，"发展必须是遵循经济规律的科学发展，必须是遵循社会规律的包容性发展"①，这是对中国经济可持续发展的科学与理性的思考，强调在"利他""利后代"的基础上"谋发展"。生态技术创新是生态学向传统技术创新渗透的一种新型创新，在技术创新的过程与各节点处穿插融合生态理念，目标是追求生态经济综合效益，即达到经济效益最大化、生态效益最佳化、社会效益最优化，从而实现经济社会的可持续发展。推动生态技术发展与创新，实现健康循环的城市发展，需要改变粗放的一次性野蛮发展，从改变自我出发，相互"协同"，实现"平衡"。以此理念，亦可着力打造融合智慧城市、海绵城市、生态城市综合特点的城市群：以共享经济取代旧的资本主义经济模式，物联网共享带来首次智能基础设施革命，推动生产力实现质的飞跃。信息流通畅通无阻、绿色建筑使能源成本越来越低，"让自然做功"，最大化地利用天然的雨水资源，让"渗、滞、蓄、净、用、排"的"海绵城市"理念实现水生态、水环境和人居环境和谐相处的新的城市发展模式。在钢筋混凝土的构筑中，让人类最大化地适应环境变化和应对自然灾害，力求打造有弹性、宜居性的生态环境城市。注入更多的生态因子，绘就美丽风景，提升民众的生活幸福感，迈进新时代的文明社会。

---

① 中共中央文献研究室编：《习近平关于社会主义经济建设论述摘编》，中央文献出版社2017年版，第320页。

第九章　转折点·可持续·新纪元：应对气候变化和实现双碳目标视野下的中国生态文明建设

　　作为世界最大的发展中国家和全球第二大经济体，中国十分重视参与全球气候治理，积极推动《巴黎协定》的通过和落实；积极做全球生态文明建设的参与者、贡献者和引领者。中国同时作为世界上最大的发展中国家，面向 2030 年、2060 年两个历史时空维度，将完成全球最高碳排放强度降幅，用全球历史上最短的时间实现从碳达峰到碳中和。

　　与此同时，中国在应对气候变化、保护环境、促进可持续发展方面的理念及政策制定上有一个逐渐清晰的过程，这既与国际上对相关议题逐渐重视的过程相一致，也与中国所面临的环境问题逐渐加重有关。随着经济、社会的进步与可持续发展理念的普及，中国在相关议题上形成了一套一以贯之、特色鲜明的主张，以及中国经验、中国智慧和中国方案。

第一节　《巴黎协定》与中国大国责任和担当

一　《巴黎协定》的诞生及其意义

　　20 世纪 60 年代以来，随着工业生产对自然环境的破坏日益严重，环境问题尤其是温室气体排放导致的全球气候变暖等问题逐渐引起人们的关注，并迅速引起国际社会的高度重视。

　　1972 年 6 月在瑞典斯德哥尔摩召开的联合国人类环境会议，是联合国应对环境问题的第一座里程碑，标志着国际环境治理大幕的开启。会议发表的《联合国人类环境会议宣言》包含"七个共同看法"和"二十六项原则"，明确提出各国有利用本国资源的权利，也有保护环境的义务。同时认识到不同国家在环境保护问题上的差异，认为"在发展中国家，环境问题大半是由于发展不足造成的。因此，必须致力于发展工作；在工业化的国家里，环境问题一般是同工业化和技术发展有关"，呼吁国际社会相互合作，为人类社会的长远利益而共同努力。这些"共同看法""原则"以及"理念"等，为此后的国际环境治理打下了坚实的基础。其中的许多观念已经深入人心，成为国际社会的共识。

气候变化是环境问题中的一个重要议题。20世纪70年代以后，温室气体排放与全球气候变暖的相关性已成为大多数科学家的共识。为响应科学界的呼声，1988年，联合国环境规划署和世界气象组织成立了政府间气候变化专门委员会，1990年该委员会发布气候变化评估报告，明确了气候变化的科学依据，为国际气候治理提供了参考。1992年联合国环境发展大会上通过了联合国政府间气候变化谈判委员会达成的《联合国气候变化框架公约》（以下简称《公约》），确定了应对气候变化的最终目标，提出"将大气温室气体的浓度稳定在防止气候系统受到危险的人为干扰的水平上"。

《公约》还首次提出"共同但有区别的责任"原则与可持续发展和预防原则等，成为此后指导国际气候治理的纲领性文件。尽管《公约》只是一个国家间应对气候变化的基本框架，并未具体规定各国二氧化碳等温室气体减排的标准，但《公约》规定在后续的缔约方会议的议定书中增加强制性的减排标准。目前，已经有超过190个国家和地区签署《公约》，《公约》缔约方会议成为国际间应对气候变化的主要谈判平台。

1997年《联合国气候变化框架公约》缔约方第三次会议通过了《京都议定书》（以下简称《议定书》），第一次提出了减少温室气体排放的具体标准，规定"国家整体在2008年至2012年间应将其年均温室气体排放总量在1990年基础上至少减少5%"。《议定书》还提出发达国家可以用"排放贸易""共同履行""清洁发展机制"等"灵活履约机制"来完成减排任务。《议定书》使《公约》所提出的"共同但有区别的责任原则"得到一定程度的落实，标志着国际社会在环境治理上的重大进步。2005年2月16日《议定书》生效，截至2016年6月，共有192个缔约方[1]。

《宣言》《公约》《议定书》等一系列重要国际气候治理文件的诞生，是人类在环境治理尤其是气候治理上达成的重要共识，是国际社会共同努

---

[1]　外交部：《联合国气候变化框架公约》进程，中华人民共和国外交部网站，http://www.fmprc.gov.cn/web/ziliao_674904/tytj_674911/t1201175.shtml。

力的结果，具有重大的历史意义。但是，自《议定书》通过以来，国际社会在应对气候变化等问题上依然存在着严重分歧。一些学者认为《议定书》制定的减排目标过于保守，低估了温室气体造成的危害，而作为碳排放国家的美国以"减少温室气体排放会影响美国发展"和"发展中国家也应当承担减排和限排温室气体的义务"为由拒绝批准《议定书》，加拿大等国也先后退出《议定书》，使国际气候谈判陷入僵局。近二十多年来，虽然先后有联合国气候大会通过的《马拉喀什协定》《蒙特利尔路线图》《巴厘岛路线图》以及没有法律约束力的《哥本哈根协议》等，不断重申《公约》的精神，推进国际气候治理的务实合作，但与科学界及民众的期待还有很大距离。

在上述背景下，《联合国气候变化框架公约》第二十一次缔约方大会于 2015 年 11 月 30 日在巴黎召开，经过 13 天艰苦谈判，《公约》196 个缔约方达成了一致意见，通过了《巴黎协定》。《巴黎协定》（以下简称《协定》）的通过，对于国际气候治理乃至人类的环境保护具有划时代的意义，它明确提出了控制全球气候变暖的"硬指标"，同时，它采用各国自主申报减排目标的新模式，使陷入僵局的国际气候谈判找到了新的平衡点，步入新的历史时期。

首先，《协定》重申了《公约》的有关精神，强调发达国家与发展中国家在环境保护与气候治理中的不同国情应该受到尊重，重申《公约》"以公平为基础并体现共同但有区别的责任和各自能力的原则"，认识到应对气候变化与可持续发展、消除贫困"有着内在的关系"。这些精神是国际社会进行气候治理的政治基础，也是《公约》自诞生以来各国普遍接受的基本理念。

其次，《协定》强调根据"现有的最佳科学知识，对气候变化的紧迫威胁作出有效和逐渐的应对"，并在具体条款中指出应"加强关于气候的科学知识，包括研究、对气候系统的系统观测和预警系统，以便为气候服务提供参考，并支持决策"，指出发达国家有义务向发展中国家提供相应的资金和技术支持。这一方面再次强调了自《公约》诞生以来，人类社会的气候治理是源于"最佳的科学知识"，是与科学共同体对于全球气候变化的科学认识相一致的，具有相当的严谨性与迫切性。另一方面，《协定》也充分认识到发达国家与发展中国家在资金、技术等方面存在的落差，因此发达国家对于发展中国家有义务在相关领域进行援助，这不仅是利用科技手段解决气候问题的必由之路，也是保护人类共同利益的必然要求。

　　再次，《协定》所制定的"把全球平均气温升幅控制在工业化前水平以上低于2℃之内，并努力将气温升幅限制在工业化前水平以上1.5℃之内"的目标具有很强的开拓精神，是目前为止最富雄心的"硬指标"。《协定》指出，各国应尽快使温室气体排放达到峰值，并按各国自主贡献，将排放量减少到一定水平，在21世纪中叶实现全球碳中性。比之《议定书》，《协定》虽未强制规定发达国家的具体减排指标，但无疑更有约束力，也更符合各国工业发展的实际情况，因而也更具可操作性。

　　复次，《协定》所体现的"自下而上"的全球气候治理模式，比《议定书》更加公平合理。所谓"自下而上"的模式，即缔约方根据自身情况，提交国家自主贡献方案，就是根据自身情况制定本国温室气体排放的控制标准。当然，为保证公正、公平以及透明的原则，《协定》采用"自主贡献"加"评审"的双重模式，对各国提供的自主贡献方案提出严格而专业的审查。这种模式的优势不仅能充分调动各国的积极性，同时也使国家自主贡献有一定标准，而不至于使各国为保护自身利益而有意降低减排指标。这既不同于《议定书》的"自上而下"规定发达国家强制减排指标的模式，也不同于科学界所推崇的完全由各国"自下而上"提出自主贡献的模式，因而能最大限度地减少各国间的分歧，增进既有共识，推动温室气体排放的控制，从而更好地实现《协定》所制定的长期目标。

　　最后，《协定》"只进不退"的棘齿锁定机制，使其具有持久性的优势。《协定》提出，将在2018年建立一个对话机制，审查各国减排进程与长期目标的差距。从2023年开始每五年盘点整理一次全球行动总体进展，加强合作，帮助各国提高减排力度，实现全球应对气候变化的长期目标。这种机制能够保证各国具体落实其自主贡献指标，推进减排计划的有序实施，避免在行动上打折。同时，这一制度设计也有效促进了控制温室气体排放上的国际合作，为下一轮气候谈判指明了方向。

　　自20世纪70年代以来，人类社会在环境保护尤其是气候治理等问题上的进步有目共睹，在减缓环境进一步恶化的同时，探索出了一条国际社会同心同德，相互合作的共赢之路。《巴黎协定》的通过是这一道路的延续，也是具有标志性意义的里程碑，是各国政府、国际组织、科学共同体共同努力的结果。《协定》所体现出的原则，"自下而上"的模式，以及制度设计等，饱含人类的智慧与心血，是来之不易的成果。

　　但是，也必须看到，《巴黎协定》以后，2018年12月，联合国气候变化大会在波兰南卡托维兹举行；2019年12月，在智利马德里举行；2021年10月至11月，《联合国气候变化框架公约》第二十六次缔约方大会

（COP26）在格拉斯哥正式开幕。但从本质上看，由于对"共同但有区别的原则"的认识分歧，各国为维护自身利益而使谈判实质上没有实现对《巴黎协定》的本质或里程碑式的突破。与这种局面和状况形成鲜明反差的是，最近二十多年来，随着温室气体排放量的持续增加，全球气候变暖的趋势更加明显。

就《巴黎协定》本身来说，其并非气候谈判的终极文本，也非没有任何瑕疵与争议。《协定》虽然具有一定的法律效力，但作为国际法，《协议》允许缔约方退出，并制定了详细的退出机制，这为一些国家尤其是美国等温室气体排放大国以各种名义退出国际气候谈判敞开了大门。特别是特朗普执政时期，宣布美国将退出《协定》，引起国际社会的一致谴责。控制温室气体排放，减缓全球气候变暖的趋势，这是人类必须进行的自我救赎，也是人类共同利益之所在，但这一目标并不能因《协定》的通过而顺利达成，还需要国际社会不断努力，在既有成果的基础上，不断探索新的合作方式，以应对各种分歧与挑战。在逆向全球化日益显露，美国政府退出《协定》，国际气候治理前景不明朗的今天，中国在环境治理上的作用越来越受到重视。

当然，国际气候谈判屡陷僵局，本质上是国际政治经济利益格局的博弈。但环境问题的危害特别是生态文明、可持续发展的理念逐渐深入人心，民间环保组织如雨后春笋般涌现并发展壮大，环境保护甚至成为某种"政治正确"而受到各国民众的普遍支持。国际上不乏有识之士，不断呼吁各国为保护人类共同的生存环境，控制温室气体排放，应当努力化解分歧，推动国际合作，重新走上谈判正轨，达成新的、更有约束力和更富进取心的协议。

二　中国积极推动《巴黎协定》的签署与落实

中国是最早参与联合国气候变化大会的国家，中国全程参与了国际气候谈判，对气候变化相关议题的主张清晰、连贯。

作为世界最大的发展中国家，中国的碳排放量备受国际社会关注。改革开放以来，随着中国的工业化和现代化进程，中国的二氧化碳排放量及人均二氧化碳排放量逐年递增。至2013年，中国的碳排放量占世界碳排放总量的29%，超过了美国（15%）和欧洲（10%）的总和。也就是在这一年，中国超过日本成为世界第二大经济体，中国经济连续二十多年的高速发展，创造了人类历史上的奇迹。但与此同时，也付出了资源生态和环境的巨大代价。

　　中国政府历来高度重视处理经济发展与环境保护的关系，是最早提倡可持续发展的国家之一。在国际气候变化谈判的舞台上，中国为发展中国家争取应有的权利，促使发达国家向发展中国家提供一定的经济、技术支持。近年来，由于综合国力的提升，中国在国际舞台上的影响力逐渐提高，国际社会对中国肩负起越来越多的责任亦是有目共睹，中国在国际气候谈判中发挥的作用越来越显著。《巴黎协定》的通过即与中国的引领作用分不开。

　　首先，作为《公约》缔约方，中国积极参加国际气候谈判。中国国家主席习近平出席气候变化巴黎大会领导人活动开幕式并发表了题为《携手构建合作共赢、公平合理的气候变化治理机制》的主旨演讲，演讲指出，巴黎协议"要着眼于强化 2020 年后全球应对气候变化行动""要引领绿色发展""要凝聚全球力量，鼓励广泛参与""要加大投入，强化行动保障""应该要利于照顾各国国情，讲求务实有效"，整体抓住了国际气候谈判的核心精神，为巴黎气候大会的成功召开奠定了基调。

　　其次，中国提交的国家自主贡献方案，为巴黎气候大会最终通过《协定》提供了有力支撑。自主方案指出中国二氧化碳排放 2030 年左右达到峰值并争取尽早达峰，单位国内生产总值二氧化碳排放比 2005 年下降60%—65%，非化石能源占一次能源消费比重达到 20% 左右，森林蓄积量在 2005 年基础上增加 45 亿立方米左右。《联合国气候变化框架公约》秘书处执行秘书克里斯蒂娜·菲格雷斯认为中国的行动"非常令人印象深刻"，中国在应对气候变化问题上"非常非常认真"。作为发展中国家，也是碳排放量大国，中国自主申报的减排指标力度之大，超出外界预期，令世界瞩目。这也进一步刺激了发达国家在相关问题上的态度，为巴黎气候大会的成功举行，注入了活力。

　　再次，中国十分重视同《公约》各缔约方进行务实交流与合作。作为世界上最大的两个经济体，也是碳排放量最大的两个国家，中美之间在气候问题上的交流与合作对世界产生的影响不言而喻。2014 年 11 月 12 日，中美两国发表《气候变化联合声明》，明确了中美两国的减排目标与计划。双方致力于达成富有雄心的 2015 年协议，体现出共同但有区别的责任和各自能力原则。2015 年 9 月 25 日，《中美元首气候变化联合声明》发表，重申了致力于达成富有雄心的 2015 年协议，中美两国的务实合作，为推动国际社会应对气候变化谈判发挥了重要作用。除此之外，中国在巴黎气候大会召开之前，先后同印度、巴西、欧盟等缔约方发表了应对气候变化的联合声明，这些都为巴黎气候大会能够通过一个平衡各方利益、富有雄心的《协定》做出了准备。

中国在巴黎气候大会上所起的引领作用有目共睹，不仅有助于提升中国在国际气候治理上的话语权，也体现了中国负责任大国的担当。中国在节能减排上采取的经济、政策、科技等综合措施，不仅成效显著，也为中国在国际舞台上赢得了应有的尊重。

这里需要特别指出，现代化与绿色化高度融合、走绿色低碳之路，既是世界发展的大势，也是中国发展大势。2020 年 9 月，中国国家主席习近平在第七十五届联合国大会一般性辩论上提出，中国力争二氧化碳排放于 2030 年前达到峰值，争取 2060 年前实现碳中和；2021 年 3 月 15 日，习近平总书记在主持召开中央财经委员会第九次会议上发表重要讲话，把碳达峰、碳中和纳入生态文明建设整体布局；是年 4 月 22 日，在全球"领导人气候峰会"上，习近平主席再次重申，中方力争 2030 年前实现碳达峰、2060 年前实现碳中和。这都表明，不论是我国的生态文明建设，还是经济社会发展，都进入了全球视野下的以降碳为重点战略方向的新时代。坚持绿色发展、低碳发展，已经成为关系我国和世界百年发展之大变局的战略选择。必须统筹国内国际，以减污降碳协同增效为总抓手，全面推动经济社会绿色发展，建设和实现人与自然和谐共生的现代化。

三　《巴黎协定》的启示：警惕全球气候治理走回头路

2016 年 4 月 22 日，170 多个国家的领导人在纽约联合国总部共同签署了《巴黎协定》，至今已有中国等二十多个国家完成了批准程序，这是国际气候治理的巨大成果。但我们也看到，一些国家或国际组织在签署《协定》后，面临冗长的国内批准程序，其前途尚不明朗。特别是前美国总统特朗普在竞选期间就公开指责气候变化是中国为削弱美国的工业而制造的"骗局"，并威胁一旦当选将退出《协定》。2016 年 6 月，特朗普就正式宣布退出《巴黎协定》，并指出应对气候变化是"浪费钱"，会对美国的制造业造成负面影响，美国政府不会支持那种"惩罚美国"的协定。美国退出《巴黎协定》，不仅使美国在奥巴马政府时期提出的自主贡献方案无法实现，而且《协定》所规定的发达国家每年向发展中国家提供的 1000 亿美元的资金援助也无法落实，严重影响打击到国际社会共同推动气候治理的信心。

近年来，在逆全球化、贸易保护主义、新冠肺炎疫情背景下，西方一些发达国家在气候治理上走"回头路"，这是值得我们高度警惕的。如何

巩固现有谈判成果，达成《协定》制定的控制气候变化的目标，落实各国
自主贡献，是值得每一个缔约方认真思考的问题。特别是对一些国家极端
不负责任的做法，需要一整套体制机制来完成。2019 年至 2020 年，持续
数月的澳大利亚山火，释放了约 2.5 亿吨二氧化碳，相当于 2018 年澳大
利亚温室气体排放量的一半；2021 年 4 月，日本政府决定将福岛第一核电
站的废水排入海里。这种为了一己私利，对全人类健康利益置之不理，一
排了之的做法，再次凸显出携手构建命运与共美好未来何等艰巨。

　　我们也应看到，环境问题从来就不是一个孤立的问题，应该辩证地看
待环境保护与经济发展之间的关系。《巴黎协定》所重申的《公约》"共
同但有区别的责任原则"，考虑到各国国情不同等，既是对此问题的辩证
的眼光，也是负责任的态度。在环境治理上，不能采用一刀切的方法，不
能不顾及发展中国家的发展权。在气候变化和环境保护等议题上，片面强
调环境保护的重要性，轻视甚至蔑视经济发展、社会进步的立场并不鲜
见，其根本原因是没有站在发展中国家国民的立场去看待环境问题，将环
境问题孤立于众多问题之外，而不是放在社会发展的整体之中去探索解决
之道，事实证明，这种观点是错误的，也是被国际社会所否定的。

第二节　落实《2030 年可持续发展议程》

一　联合国可持续发展大会与《2030 年可持续发展议程》

　　1987 年，联合国世界环境与发展委员会提出"满足当代人的需求而又
不损害子孙后代发展的需要"，这种发展理念即后来所谓的"可持续发
展"。广义上的"可持续发展"包含三个方面的内容，即经济发展、社会
发展、环境保护，是三个方面的有机结合与平衡发展。可持续发展理念自
提出以来，得到了国际社会的高度认同。人们逐渐认识到，经济的发展、
社会的进步与环境的可持续能力密不可分。片面追求经济利益，忽视生态
的平衡与资源的可持续利用，最终会使人类陷入危机。

　　自 20 世纪 90 年代起，联合国举行了一系列会议，讨论可持续发展议
题，相继达成《21 世纪议程》《约翰内斯堡执行计划》《千年发展目标》
等重要成果，提出了一系列旨在加强国际合作，推动可持续发展进程的倡
议。其中，《21 世纪议程》于 1992 年 6 月在里约联合国环境发展大会上通

过，是第一份"世界范围内的可持续发展行动计划"。它明确提出了人类在环境保护与可持续发展上应当采取的行动，涉及与可持续发展有关的几乎所有领域。虽然《21世纪议程》是一份没有法律约束力的文件，一份各国政府、联合国机构、非政府组织等共同构建的发展蓝图，但对人类社会的发展产生了重要影响。《千年发展目标》于2000年9月由联合国189个成员国签署，旨在到2015年之前将全球贫困水平降低到1990年水平的一半。2015年，《千年发展目标》圆满完成，不仅彰显了国际社会团结协作，消除极端贫困的努力，也极大地鼓舞了联合国在可持续发展议题上的积极性。2015年9月，在纽约举行的联合国发展峰会通过一份具有历史意义的决议——《变革我们的世界：2030年可持续发展议程》，2016年1月1日该决议正式启动。

《2030年可持续发展议程》是国际社会推出的可持续发展议程，内容涵盖社会、经济和环境三领域。呼吁世界各国能够采取果断行动，在15年里为实现17项可持续发展目标而奋斗。议程指出，国际社会将有志于"消除一切形式的贫困与饥饿""采取紧急行动应对气候变化"。

《2030年可持续发展议程》提出的17个目标，涉及经济、社会、环境以及和平、正义与安全等方面的内容，包括宣言、愿景、共同承诺、新议程、执行手段、后续落实与评估等，是一份雄心勃勃的人类发展规划。时任联合国秘书长潘基文说："这17项可持续发展目标是人类的共同愿景，也是世界各国领导人与各国人民之间达成的社会契约。它们既是一份造福人类和地球的行动清单，也是谋求取得成功的一幅蓝图。"① 环境保护是实现可持续发展的核心内容，保持生态平衡，维护环境的可持续发展能力是实现人类长远利益的必然选择。《2030年可持续发展议程》中十分强调自然环境的保护以及自然资源的合理利用，提出决心阻止地球环境退化，管理好地球资源，在气候变化问题上立刻采取行动。此外从"在与自然和谐相处的同时实现经济、社会和技术进步""从经济、社会和环境这三个方面实现可持续发展""永久保护地球及其自然资源"② 等表述中可以看出，《2030年可持续发展议程》十分重视经济、社会和环境三个方面的平衡，强调环境保护的重要性以及自然资源枯竭和环境退化带来的危害。

《2030年可持续发展议程》提出的17项可持续发展目标中，涉及环境

---

① 转引自《联合国〈2030年可持续发展议程〉正式生效》，人民网，http://world.people.com.cn/n1/2016/0101/c1002-28002097.html。

② 外交部：《变革我们的世界：2030年可持续发展议程》，http://www.mfa.gov.cn/web/ziliao_674904/zt_674979,dtzt/2030kcxfzyc_686343/zw/20160/zt20160113_92799987.shtml。

问题的就有 5 条：

目标 6. 为所有人提供水和环境卫生并对其进行可持续管理；
目标 7. 确保人人获得负担得起的、可靠和可持续的现代能源；
目标 13. 采取紧急行动应对气候变化及其影响；
目标 14. 保护和可持续利用海洋和海洋资源以促进可持续发展；
目标 15. 保护、恢复和促进可持续利用陆地生态系统，可持续管理森林，防治荒漠化，制止和扭转土地退化，遏制生物多样性的丧失。①

上述目标涉及水资源的保护与利用、清洁能源的开发、气候变化的应对、海洋资源的保护、生物多样性的保护、陆地生态系统的可持续发展等，从中不难看出环境问题在可持续发展中的重要地位。

此外，《2030 年可持续发展议程》并不仅仅指出环境破坏的危害，提出环境保护与资源合理利用的目标，而是"一套全面、意义深远和以人为中心的具有普遍性和变革性的目标和具体目标"，具体的目标中也时刻贯穿着"以人为本"的可持续发展理念。这些目标和理念，对于国际社会的发展有重要的指导意义，也与中国政府"以人为本"的发展理念相通。《中国落实 2030 年可持续发展国别方案》既是对联合国《2030 年可持续发展议程》的积极响应和庄严承诺，也与中国的生态文明建设息息相关。

二　《中国落实 2030 年可持续发展议程国别方案》与生态文明建设

为推动落实联合国《2030 年可持续发展议程》，中国依照中国的基本国情，提出了《中国落实 2030 年可持续发展议程国别方案》（以下简称《方案》）。《方案》指出，中国政府高度重视联合国《2030 年可持续发展议程》，并在"十三五规划纲要"中将可持续发展议程与中国中长期发展规划进行了有机结合。

可持续发展理念与我国倡导的生态文明观之间有着许多内在的一致性。自 20 世纪 80 年代起，中国政府就将环境保护纳入基本国策，并且积极参与国际环境治理。1998 年，国家制定《全国生态环境建设规划》，将

① 外交部：《变革我们的世界：2030 年可持续发展议程》，http://www.mfa.gov.cn/web/ziliao_674904/zt_674979，dtzt/2030kcxfzyc_686343/zw/20160/zt20160113_92799987.shtml.

生态环境建设和污染治理纳入国家计划。中国政府对于可持续发展问题的认识也逐渐加深，党的十六大报告中明确提出全面建设小康社会的一个目标就是"可持续发展能力不断增强，生态环境得到改善，资源利用效率显著提高，促进人与自然的和谐，推动整个社会走上生产发展、生活富裕、生态良好的文明发展道路"①。这一目标，与联合国《2030年可持续发展议程》的精神高度一致，将文明的发展归结为生产、生活与生态的全面发展，拓展了可持续发展的内涵。党的十八大以来，我们强调经济、政治、文化、社会、生态"五位一体"的发展理念，拓展了可持续发展观的内涵。党的历次全国代表大会为中国的生态文明建设指明了方向，也为国家制定详细的战略规划提供了理论支撑。

《方案》中提出要"着力解决好经济增长、社会进步、环境保护等三大领域平衡发展的问题。树立尊重自然、顺应自然、保护自然的生态文明理念，加大环境治理力度，以提高环境质量为核心，实施最严格的环境保护制度，深入实施大气、水、土壤污染防治行动计划，形成政府、企业、公众共治的环境治理体系，实现环境质量总体改善。推进自然生态系统保护与修复，筑牢生态安全屏障"②。这不仅是联合国《2030年可持续发展议程》的要求，也是中国生态文明建设所包含的内容。解决好经济增长、社会进步与环境保护三个领域的平衡发展既是党的十八大所提出的经济、政治、文化、社会、生态"五位一体"的发展，也是物质文明、精神文明、政治文明与生态文明相结合的发展。

以下就《方案》中涉及的生态文明建设的内容进行梳理，从中不难看出，中国政府在落实《2030年可持续发展议程》，推动生态文明建设方面主要有以下五个方面的内容。

一是纳入国家战略。

前文已经提到，中国将落实《2030年可持续发展议程》纳入国家战略，而在具体落实《2030年可持续发展议程》的17个目标时，则将相关内容与中国已经实施的战略规划相对接，以更好地推动相关目标的达成。

《方案》提出战略对接重点包括三个方面："一是将17项可持续发展目标和169个具体目标纳入国家发展总体规划，并在专项规划中予以细化、统筹和衔接。二是推动省市地区做好发展战略目标与国家落实2030

①　江泽民：《全面建设小康社会，开创中国特色社会主义事业新局面》，《江泽民文选》第3卷，人民出版社2006年版。

②　外交部：《中国落实2030年可持续发展议程国别方案》，http://www.fmprc.gov.cn/web/ziliao_674904/zt_674979/dnzt_674981/9tzt/2030kcxfzyc_68634/。

年可持续发展议程整体规划的衔接。三是推动多边机制制定落实 2030 年
可持续发展议程的行动计划，提升国际协同效应。"其中，第二点是将落
实《2030 年可持续发展议程》与地方规划相衔接，这里不再具体展开说
明。第三点是在"一带一路"等多边机制中落实可持续发展目标。

这里，我们着重分析中国政府是如何将《2030 年可持续发展议程》
的 17 个目标与中国的国家规划相衔接的，如《2030 年可持续发展议程》
目标 6："为所有人提供水和环境卫生并对其进行可持续管理。"《方案》
提出："实施农村饮水安全巩固提升工程，到 2020 年，中国农村集中供水
率达到 85% 以上，自来水普及率达到 80% 以上。""落实《水污染防治行
动计划》，大幅度提升重点流域水质优良比例、废水达标处理比例、近岸
海域水质优良比例。"①

"农村饮水安全巩固提升工程"是"十三五"期间由水利部启动的精
准扶贫项目，旨在提升农村地区尤其是西部农村的集中供水率、自来水普
及率、水质达标率和供水保证率，与《2030 年可持续发展议程》"为所有
人提供水"的目标相吻合。《水污染防治行动计划》又称"水十条"，是
国务院环保部牵头提出，2015 年经中央政治局常务委员会会议审议通过，
计划将累计投资两万亿元，用于污水处理、控制污染物排放等项目，与
《2030 年可持续发展议程》中"环境卫生"的目标相一致。

再如《2030 年可持续发展议程》目标 13："采取紧急行动应对气候变
化及其影响。"《方案》提出将落实"国家自主贡献"纳入国家战略和规
划，制定《"十三五"控制温室气体排放工作方案》，把应对气候变化作
为转变经济增长方式和社会消费方式，加强环境保护和生态建设的新的重
要驱动力。② 这就是将落实《2030 年可持续发展议程》中关于应对气候变
化的目标与中国在《巴黎协定》中提出的国家自主贡献方案相结合，制定
《"十三五"控制温室气体排放工作方案》，从国家战略的高度推进温室气
体排放控制，达成节能减排的目标。

二是采取有效措施。

《方案》还提出一些切实可行的措施，保证可持续发展目标的落实，
这一点在《方案》中随处可见，既体现了中国落实可持续发展目标的务实
态度，也反映出中国在应对相关问题上所具有的能力。比如《2030 年可持

---

① 外交部：《中国落实 2030 年可持续发展议程国别方案》，http：//www.fmprc.gov.cn/web/
ziliao_ 674904/zt_ 674979/dnzt_ 674981/9tzt/2030kcxfzyc_ 68634/。

② 外交部：《中国落实 2030 年可持续发展议程国别方案》，http：//www.fmprc.gov.cn/web/
ziliao_ 674904/zt_ 674979/dnzt_ 674981/9tzt/2030kcxfzyc_ 68634/。

续发展议程》目标 14："保护和可持续利用海洋和海洋资源以促进可持续发展。"《方案》提出要"推进陆海污染联防联控和综合治理，开展入海河流污染治理和入海直排口清理整顿，严格控制船舶、海上养殖、海洋废弃物倾倒等海上污染，逐步开展重点海域污染物总量控制制度试点，逐渐提高一、二类水质标准的海域面积"①。

三是完善法律法规。

环境治理与生态文明建设都离不开国家法律法规的保障。《方案》提出要"完善法制建设，为落实 2030 年可持续发展议程提供有力法律保障"。这一点，在具体目标的落实上也有所反映，比如《2030 年可持续发展议程》目标 14："保护和可持续利用海洋和海洋资源以促进可持续发展。"《方案》提出要"完善海洋生态保护法律框架体系"，"修订《渔业捕捞许可管理规定》"，"保持对非法、未报告和无管制捕捞活动打击力度"②。《方案》提出："逐步建立健全遗传资源保护与惠益分享方面的法律法规，促进遗传资源的正当获取"，"认真执行《野生动物保护法》和加快完善《国家重点保护野生动物名录》"，"严厉打击象牙等野生动植物制品非法交易"③。这些都是中国政府依法治国，保障可持续发展目标顺利完成的法律手段。

四是增加资金投入。

任何可持续发展目标的落实，除了法律保障与政策支持外，都离不开资金投入。环保设施的研发、调试与装配，新能源的开发与利用等，都需要大量的资金支持。中国政府在生态文明建设的过程中，已经投入大量资金，扶持了一些绿色环保产业，推动了产业结构调整，也为落实联合国可持续发展目标打下了坚实的基础。在《方案》中，中国政府在多个领域承诺增加资金投入，进一步提升生态文明建设的力度与水平。

需要指出的是，增加资金投入不仅仅是提高政府财政支持力度，还包括借助市场经济手段，推动商业性资金在生态文明建设中的投入，吸引国际资本与技术参与中国落实可持续发展议程目标。《方案》指出："充分利用国内外两个市场、两种资源并发挥体制、市场等方面的优势，为落实

---

① 外交部：《中国落实 2030 年可持续发展议程国别方案》，http：//www.fmprc.gov.cn/web/ziliao_674904/zt_674979/dnzt_674981/9tzt/2030kcxfzyc_68634/。

② 外交部：《中国落实 2030 年可持续发展议程国别方案》，http：//www.fmprc.gov.cn/web/ziliao_674904/zt_674979/dnzt_674981/9tzt/2030kcxfzyc_68634/。

③ 外交部：《中国落实 2030 年可持续发展议程国别方案》，http：//www.fmprc.gov.cn/web/ziliao_674904/zt_674979/dnzt_674981/9tzt/2030kcxfzyc_68634/。

2030 年可持续发展议程提供资源保障。"其中包括"健全商业性金融、开发性金融、政策性金融、合作性金融，形成分工合理、相互补充的金融机构体系，引导金融行业服务向可持续发展领域倾斜，发展普惠金融"等，通过国内国际资源的有效整合，财政、金融、市场等手段的有效利用，将对中国的可持续发展事业做出重大的贡献。《方案》还提出："增加基础设施和能力建设所需资金。提升自然保护区建设管理水平，以实现保护区的可持续发展，保护生物多样性"①，再比如，《2030 年可持续发展议程》目标 17："加强执行手段，重振可持续发展全球伙伴关系"，《方案》提出："用好 1800 亿元人民币的中国政府和社会资本合作（PPP）融资支持基金。"②

五是加强国际合作。

中国政府高度重视参与国际环境治理，并呼吁国际社会加强合作以应对人类共同的挑战。在可持续发展问题上，中国政府一方面表示要与发达国家展开务实合作，借助发达国家的经验、技术与资金优势，推动可持续发展目标的落实；另一方面则加大南南合作力度，为极不发达国家提供资金、技术等方面的支持，推动发达国家落实向发展中国家提供支持的承诺，维护国际治理的成果。另外，中国政府积极探索在"一带一路"等多边机制中，加强国际合作，共同提升生态文明建设水平。《方案》提出："通过南南合作向最不发达国家和小岛国提供水产养殖技术支持""敦促发达国家就履行'到 2020 年，每年为发展中国家筹集 1000 亿美元气候资金'承诺制定明确的路线图和时间表，并对绿色气候基金进行切实注资"③等等，这些都说明中国政府愿意加强国际合作，维护发展中国家的利益，体现出中国负责任大国的担当。

六是提升科技水平。

除资金投入之外，科技水平的提升对于生态文明建设的意义也十分重大。当今社会所谓的"环境保护"或"生态文明"，不是为了保护青山绿水而放弃工业化生产，退回到刀耕火种的原始时代，而是要借助最新的科技成果，不断提升资源的利用率，改变破坏性的生产方式，并利用科技手

---

①　外交部：《中国落实 2030 年可持续发展议程国别方案》，http：//www.fmprc.gov.cn/web/ziliao_ 674904/zt_ 674979/dnzt_ 674981/9tzt/2030kcxfzyc_ 68634/。

②　外交部：《中国落实 2030 年可持续发展议程国别方案》，http：//www.fmprc.gov.cn/web/ziliao_ 674904/zt_ 674979/dnzt_ 674981/9tzt/2030kcxfzyc_ 68634/。

③　外交部：《中国落实 2030 年可持续发展议程国别方案》，http：//www.fmprc.gov.cn/web/ziliao_ 674904/zt_ 674979/dnzt_ 674981/9tzt/2030kcxfzyc_ 68634/。

段治理污染，改造生态环境。可以说，技术创新是落实可持续发展目标的必由之路。比如《2030 年可持续发展议程》目标 7："确保人人获得负担得起、可靠和可持续的现代能源。"《方案》提出："采用物联网、大数据、人工智能等技术改造能源产业，推进基于生态文明建设的低碳、绿色城镇化发展，建设清洁低碳，安全高效的现代能源体系。"①

第三节　共谋全球生态文明建设是建设清洁美丽世界的历史必然

一　多边主义促进人类命运共同体建设

多边主义，其精神实质、实现路径与人类命运共同体内涵和目标互联互通，是人类命运共同体的重要实践形式。回望历史，20 世纪 90 年代以来，随着冷战格局结束，多极化趋势加速形成，世界日益成为相互依存、密不可分的整体。国际组织、区域组织、全球性组织蓬勃兴起，国际性、区域性、全球性议题不断增长，全球产业链、供应链深度融合。多边主义成为新兴市场国家、广大发展中国家参与经济全球化进程中全球与区域治理的重要方式。世界越来越朝着开放、包容、普惠、平衡、共赢的方向发展，多边主义整体成为人类历史发展的方向。这次新冠肺炎疫情暴发以来，经济全球化遭遇逆流，单边主义、保护主义有所上升，个别发达国家退出一些全球合作机制。尽管如此，大多数国家仍然选择坚持多边主义，加强团结协作，携手应对全球性威胁，合作推动世界经济复苏。二十国集团领导人特别峰会、第七十三届世界卫生大会、领导人气候峰会，等等，都使各国人民深刻地认识到：各国命运休戚与共，紧密相连。只有加快构建人类命运共同体，才能共同应对挑战。我国一直以实际行动践行多边主义，为推动各国加强互利合作、践行多边主义提供中国方案、贡献中国智慧。2020 年 9 月，在联合国成立 75 周年纪念峰会上，中国国家主席习近平重申对多边主义的坚定承诺，强调要树立命运共同体意识和合作共赢理念。

积极应对全球气候变化，建设清洁美丽世界，也同样离不开多边主

---

① 外交部：《中国落实 2030 年可持续发展议程国别方案》，http：//www. fmprc. gov. cn/web/ziliao_ 674904/zt_ 674979/dnzt_ 674981/9tzt/2030kcxfzyc_ 68634/。

义。习近平总书记指出："在气候变化挑战面前，人类命运与共。"① 落实
应对气候变化《巴黎协定》，全面履行《联合国气候变化框架公约》，实
现全球范围的碳达峰碳中和，是整个人类社会的责任，不论是发达国家，
还是发展中国家，都离不开多边主义。

二　坚持共商共建共享的全球治理观

习近平总书记指出："这个世界，各国相互联系、相互依存的程度空
前加深，人类生活在同一个地球村里，生活在历史和现实交汇的同一个时
空里，越来越成为你中有我、我中有你的命运共同体。国家不分大小、贫
富、强弱，都是国际社会的平等成员，都要通过充分协商形成全球治理体
系变革方案的共识。"② 我国秉持共商共建共享的全球治理观，积极参与全
球治理体系改革和建设。强调坚持共同原则，一是要坚定维护以联合国为
核心的国际体系，坚定维护以国际法为基础的国际秩序，坚定维护联合国
在国际事务中的核心作用。二是坚持一荣俱荣、一损俱损的命运共同体意
识。当今时代，世界多极化构建国际社会的新秩序，推动国际体系的调
整，经济全球化让世界变成了地球村，信息化时代使人与人之间的距离更
近，世界各国的利益紧紧联系在一起。习近平总书记指出："任何国家都
不能从别国的困难中谋取利益，从他国的动荡中收获稳定。如果以邻为
壑、隔岸观火，别国的威胁迟早会变成自己的挑战。唯有携手合作，我们
才能有效应对气候变化、海洋污染、生物保护等全球性环境问题，实现联
合国 2030 年可持续发展目标。"③

三　恪守共同但有区别的责任原则，为发展中国家特别是
　　小岛屿国家提供更多帮助

习近平总书记多次指出："应对气候变化是中国可持续发展的内在要
求，也是负责任大国应尽的国际义务，这不是别人要我们做，而是我们自
己要做。"④ 对于绝大多数发展中国家来说，解决生存和发展问题，依然是
广大发展中国家的历史性任务。早在 1972 年 6 月，联合国斯德哥尔摩人
类环境会议宣言就指出，"在发展中国家，环境问题大半是由于发展不足

---

① 习近平：《在气候雄心峰会上的讲话》，《人民日报》2020 年 12 月 13 日。
② 《习近平谈治国理政》第一卷，外文出版社 2018 年版，第 272 页。
③ 习近平：《在第七十五届联合国大会一般性辩论上的讲话》，《人民日报》2020 年 9 月
23 日。
④ 参见刘毅、孙秀艳《应对气候走极端　降碳按下快进键》，《人民日报》2021 年 3 月 24 日。

造成的，因此，必须致力于发展工作"。我们今天提出建设生态文明，做全球生态文明建设的参与者、贡献者和引领者，实质上涉及文化、价值观念、经济、政治制度、社会环境、产业体系等方方面面的社会绿色转型。这一系列革命性变革，既是发展中的问题，也需要在发展过程中逐步解决。习近平总书记多次指出，坚持公平公正惠益分享，照顾发展中国家资金、技术、能力建设方面的关切；恪守共同但有区别的责任原则，为发展中国家特别是小岛屿国家提供更多帮助。制定过高的减排目标，既影响到广大发展中国家的发展权，也事实上影响到联合国 2030 年整体目标的实现。发达国家首先要展现更大雄心和行动，切实帮助发展中国家提高应对气候变化的能力和韧性，不能设置绿色贸易壁垒，要实实在在为发展中国家提供资金、技术、能力建设等方面支持；更不能不负责任地动辄退伙，对别国横加干涉，以强权政治思维使自己向世界的承诺最后沦为一句空话。

四　习近平生态文明思想越来越彰显出其世界性、全球性的意义

回望历史，20 世纪 90 年代以来，随着冷战格局结束，多极化趋势加速形成，世界日益成为相互依存、密不可分的整体。国际组织、区域组织、全球性组织蓬勃兴起，国际性、区域性、全球性议题不断增长，全球产业链、供应链深度融合。多边主义成为新兴市场国家、广大发展中国家参与经济全球化进程和全球与区域治理的重要方式。世界越来越朝着开放、包容、普惠、平衡、共赢的方向发展，多边主义整体成为人类历史发展的方向。进入新时代，国际力量对比深刻调整，世界进入动荡变革期。在逆全球化思潮上升，受新冠肺炎疫情影响，单边主义、保护主义、霸权主义、强权政治威胁上升。面对世界百年未有之大变局，以习近平同志为核心的党中央，统筹国内国际两个大局，以"人类命运共同体"中国方案和中国智慧引领人类进步潮流，维护全球化发展态势。这其中，中国的生态文明建设和习近平生态文明思想所倡导的"人与自然生命共同体"，既成为人类命运共同体思想的重要特征，又使世界上越来越多的国家读懂了可信可爱可敬的中国形象。近年来，我国更加频繁、积极和广泛地开展生态文明主场外交活动，如中国北京世界园艺博览会、联合国《生物多样性公约》第十五次缔约方大会。特别是绿色"一带一路"建设，为沿线发展中国家和新兴经济体加快转型、跨越传统发展路径，处理好经济发展和环境保护关系，实现区域经济绿色转型提供了重要路径选择、中国经验和中国智慧。此外，中国作为世界上最大的发展中国家，已经向世界承诺，面

向 2030 年、2060 年两个历史时空维度，我国尽可能实现碳达峰、碳中和。这标志着我国将完成全球最高碳排放强度降幅，用全球历史上最短的时间实现从碳达峰到碳中和。可以说，中国的生态文明建设，从国内到国际，整体框架已经建立，时间表和路线图已经非常明确，既向着建成富强民主文明和谐美丽的社会主义现代化强国总目标迈进；又向着应对气候变化体现中国方案和中国智慧，构建人与自然生命共同体、促进人类命运共同体的美丽世界愿景迈进。这都为我们走人与自然和谐共生的现代化奠定了思想与实践、国内与国际的力量基石。也用事实和实践证明，中国的生态文明建设及作为其理论和实践遵循的习近平生态文明思想，为中国式现代化道路、人类文明新形态做出了独特的历史贡献。

参考文献

一 著作类

《马克思恩格斯选集》第 1 卷，人民出版社 2012 年版。

《马克思恩格斯全集》第 2 卷，人民出版社 2005 年版。

《马克思恩格斯选集》第 3 卷，人民出版社 2012 年版。

《马克思恩格斯全集》第 19 卷，人民出版社 2006 年版。

《列宁全集》第 14 卷，人民出版社 2017 年版。

《反杜林论》，人民出版社 1970 年版。

江泽民：《论科学技术》，中央文献出版社 2001 年版。

《习近平谈治国理政》第一卷，外文出版社 2018 年版。

《习近平谈治国理政》第二卷，外文出版社 2017 年版。

《习近平谈治国理政》第三卷，外文出版社 2020 年版。

《习近平谈治国理政》第四卷，外文出版社 2022 年版。

习近平：《摆脱贫困》，福建人民出版社 2014 年版。

习近平：《之江新语》，浙江人民出版社 2007 年版。

习近平：《高举中国特色社会主义伟大旗帜　为全面建设社会主义现代化国家而团结奋斗——在中国共产党第二十次全国代表大会上的报告》，人民出版社 2022 年版。

习近平：《决胜全面建成小康社会　夺取新时代中国特色社会主义伟大胜利——在中国共产党第十九次全国代表大会上的报告》，人民出版社 2017 年版。

《习近平关于社会主义生态文明建设论述摘编》，中央文献出版社 2017 年版。

习近平：《论坚持人与自然和谐共生》，中央文献出版社 2022 年版。

中共中央宣传部：《习近平总书记系列重要讲话读本》，人民出版社 2016

年版。

《十八大以来重要文献选编》（上），中央文献出版社 2014 年版。

《十八大以来重要文献选编》（中），中央文献出版社 2016 年版。

鲍世行、顾孟超：《钱学森建筑科学思想探微》，中国建筑工业出版社
　　2009 年版。

北京大学现代科学与哲学研究中心：《钱学森与现代科学技术》，人民出版
　　社 2001 年版。

蔡清富等：《毛泽东与古今诗人》，岳麓书院 1999 年版。

戴汝为：《社会智能科学》，上海交通大学出版社 2007 年版。

冯友兰：《中国哲学简史》，北京大学出版社 1985 年版。

顾吉环、李明、涂元季：《钱学森文集》卷 3、5、6，国防工业出版社 2012
　　年版。

国家林业局：《建设生态文明　建设美丽中国——学习贯彻习近平总书记
　　关于生态文明建设重大战略思想》，中国林业出版社 2014 年版。

黄承梁、余谋昌：《生态文明：人类社会全面绿色转型》，中共中央党校出
　　版社 2010 年版。

刘恕：《创建农业型的知识密集产业——农业、林业、草业、海业和沙业，
　　沙产业概述》，中国环境科学出版社 2001 年版。

刘因：《夏日饮山亭》，上海古籍出版社 1979 年版。

罗沛霖：《系统研究：祝贺钱学森同志 85 寿辰论文集》，浙江教育出版社
　　1996 年版。

苗东升：《钱学森哲学思想研究》，科学出版社 2013 年版。

潘家华：《中国的环境治理与生态建设》，中国社会科学出版社 2015 年版。

钱学森：《创建系统学》，上海交通大学出版社 2007 年版。

钱学森等：《论系统工程》，上海交通大学出版社 2007 年版。

《曲格平文集 4：中国的环境管理》，中国环境科学出版社 2007 年版。

涂元季主编：《钱学森书信》（一），国防工业出版社 2007 年版。

余谋昌：《环境哲学：生态文明的理论基础》，中国环境科学出版社 2010
　　年版。

张慕津等：《中国生态文明建设的理论与实践》，清华大学出版社 2008
　　年版。

张震、李长胜等：《生态经济学——理论与实践》，经济科学出版社 2016
　　年版。

中华人民共和国国务院新闻办公室:《〈国家人权行动计划（2009—2010 年)〉评估报告》,人民出版社 2011 年版。

中华人民共和国国务院新闻办公室:《国家人权行动计划（2021—2025 年)》,人民出版社 2021 年版。

〔德〕萨克塞:《生态哲学》,文韬、佩云译,东方出版社 1991 年版。

〔法〕亚历山大·基斯:《国际环境法》,张若思译,法律出版社 2000 年版。

〔加〕威廉·莱斯:《自然的控制》,岳长龄、李建华译,重庆出版社 1993 年版。

〔美〕H. 马尔库塞:《工业社会和新左派》,任立译,商务印书馆 1982 年版。

〔美〕巴里·康芒纳:《封闭的循环——自然、人和技术》,侯文蕙译,吉林人民出版社 1997 年版。

〔美〕弗·卡普拉:《转折点:科学·社会·兴起中的新文化》,冯禹译,中国人民大学出版社 1989 年版。

〔美〕蕾切尔·卡逊:《寂静的春天》,吕瑞兰、李长生译,吉林人民出版社 1997 年版。

〔美〕托马斯·库恩:《科学革命的结构》,金吾伦、胡新和译,北京大学出版社 2003 年版。

〔美〕沃德·杜博斯:《只有一个地球》,曲格平译,石油工业出版社 1976 年版。

〔美〕沃林:《文化批评的观念》,张国清译,商务印书馆 2000 年版。

〔英〕阿诺尔德·汤因比、〔日〕池田大作:《展望 21 世纪》,荀春生等译,国际文化出版公司 1985 年版。

〔英〕马丁·雅克:《当中国统治世界》,张莉、刘曲译,中信出版社 2010 年版。

二　期刊、报纸类

《习近平在联合国生物多样性峰会上的讲话》,《人民日报》2020 年 10 月 1 日。

习近平:《把握新发展阶段,贯彻新发展理念,构建新发展格局》,《求是》2021 年第 9 期。

习近平:《在党史学习教育动员大会上的讲话》,《求是》2021 年第 7 期。

习近平:《推动我国生态文明建设迈上新台阶》,《求是》2019 年第 3 期。

习近平：《关于〈中共中央关于全面深化改革若干重大问题的决定〉的说明》，《人民日报》2013 年 11 月 16 日。

习近平：《在黄河流域生态保护和高质量发展座谈会上的讲话》，《求是》2019 年第 20 期。

习近平：《在海南考察工作结束时的讲话》，《人民日报》2013 年 4 月 11 日。

习近平：《在中央农村工作会议上的讲话》，《人民日报》2013 年 12 月 23 日。

《习近平在中共中央第三十七次集体学习时强调：坚定不移走中国人权发展道路 更好推动我国人权事业发展》，《人民日报》2022 年 2 月 27 日。

《中共中央关于党的百年奋斗重大成就和历史经验的决议》，《人民日报》2021 年 11 月 17 日。

方世南：《建设人与自然和谐共生的现代化》，《理论视野》2018 年第 2 期。

龚天平、饶婷：《习近平生态治理观的环境正义意蕴》，《武汉大学学报》（哲学社会科学版）2020 年第 1 期。

何建坤、刘滨、王宇：《全球应对气候变化对我国的挑战与对策》，《清华大学学报》（哲学社会科学版）2007 年第 5 期。

何显明：《"八八战略"与"四个全面"的精神契合》，《浙江日报》2017 年 6 月 19 日。

黄承梁：《百年中国共产党生态文明建设的历史逻辑和哲学品格》，《哲学研究》2022 年第 4 期。

黄承梁：《传承与复兴：论中国梦与生态文明建设》，《东岳论丛》2014 年第 9 期。

黄承梁：《从生态文明视角看中国式现代化道路和人类文明新形态》，《党的文献》2022 年第 1 期。

黄承梁：《论生态文明融入经济建设的战略考量与路径选择》，《自然辩证法研究》2017 年第 1 期。

黄承梁：《论习近平生态文明思想自然历史的形成和发展》，《中国人口·资源与环境》2019 年第 12 期。

黄承梁：《培育和发展生态文化要处理好若干关系》，《绿叶》2020 年第 6 期。

黄承梁：《社会主义生态文明从思潮到社会形态的历史演进》，《贵州社会科学》2015 年第 8 期。

黄承梁：《习近平生态文明思想自然历史的形成和发展》，《中国人口资源与环境》2019 年第 12 期。

黄承梁：《中国共产党领导新中国 70 年生态文明建设历程》，《党的文献》2019 年第 5 期。

黄承梁：《着力把握习近平生态文明思想的实践体系》，《中国发展观察》2022 年第 1 期。

黄承梁、燕芳敏等：《论习近平生态文明思想的马克思主义哲学基础》，《中国人口资源与环境》2021 年第 6 期。

黄承梁、杨开忠、高世楫：《党的百年生态文明建设基本历程及其人民观》，《管理世界》2022 年第 5 期。

季羡林：《"天人合一"新解》，《传统文化与现代化》1993 年第 1 期。

解保军：《人与自然和谐共生的现代化——对西方现代化模式的反拨与超越》，《马克思主义与现实》2019 年第 2 期。

黎元生、胡熠：《流域生态环境整体性治理的路径探析——基于河长制改革的视角》，《中国特色社会主义研究》2017 年第 4 期。

李德栓：《论习近平同志认识人与自然关系的两个维度》，《毛泽东思想研究》2016 年第 2 期。

李萌：《2014 年中国生态补偿制度总体评估》，《生态经济》2015 年第 12 期。

李艳芳、张舒：《生态环境损害惩罚性赔偿研究》，《中国人民大学学报》2022 年第 2 期。

娄伟、潘家华：《"生态红线"与"生态底线"概念辨析》，《人民论坛》2015 年第 36 期。

缪毅容：《习近平：下大力气解决环保突出问题》，《解放日报》2007 年 7 月 12 日。

潘家华、黄承梁：《建设人与自然和谐共生的现代化（深入学习贯彻习近平新时代中国特色社会主义思想）》，《人民日报》2021 年 6 月 9 日。

潘家华、黄承梁：《指导生态文明建设的思想武器和行动指南》，《中国环境报》2018 年 5 月 21 日。

平言：《守住发展和生态两条底线》，《经济日报》2015 年 6 月 20 日。

孙代尧：《论中国式现代化新道路与人类文明新形态》，《北京大学学报》（哲学社会科学版）2021 年第 5 期。

薛勇民、陆强：《自然辩证法中的生态整体主义意蕴》，《教学与研究》

2014 年第 5 期。

杨煌：《中国式现代化"新"在哪里》，《中国纪检监察报》2021 年 7 月
　　22 日。

杨开忠：《习近平生态文明思想实践模式》，《城市与环境研究》2021
　　年第 1 期。

杨开忠：《中国共产党实现第一个百年奋斗目标的城市化道路》，《城市与
　　环境研究》2021 年第 2 期。

张林顺：《青山绿水真的成了人民群众的无价之宝》，《福建日报》2019 年
　　3 月 2 日。

张世秋：《生态文明建设：中国实现后发优势的契机》，《光明日报》2012
　　年 12 月 4 日。

张万洪：《止于至善：我国〈国家人权行动计划〉的发展历程及新进展》，
　　《人权》2021 年第 5 期。

张希中：《〈摆脱贫困〉对打赢脱贫攻坚战的启示》，《学习时报》2018 年
　　5 月 16 日。

张永生：《建设人与自然和谐共生的现代化》，《经济研究参考》2020 年第
　　24 期。

张云飞、李娜：《坚持山水林田湖草沙冰系统治理》，《城市与环境研究》
　　2022 年第 1 期。

张震、杨茗皓：《论生态文明入宪与宪法环境条款体系的完善》，《学习与
　　探索》2019 年第 2 期。

赵海峰：《法兰克福学派"技术理性批判"之困境及启示》，《学术交流》
　　2012 年第 9 期。

郑少华、王慧：《环境法的定位及其法典化》，《学术月刊》2020 年第
　　8 期。

庄贵阳：《破解城镇化进程中高碳锁定效应》，《光明日报》2014 年 10
　　月 2 日。

Jason Moreira，"Regionalism, Federalism, and The Paradox of Local Democra-
　　cy: Reclaiming State Power in Pursuit of Regional Equity"，*Rutgers University
　　Law Rview*，2015.

Richard Briffault，"Localism and Regionalism"，*Buffalo Law Review*，2000.

Kevin J. Heron，"The Interstate Compact in Transition: From Cooperative State
　　Action to Congressionally Coerced Agrements"，*St. John's Law Review*，1985.

后　记

　　20 世纪末期以来自然科学的突飞猛进、信息技术的大范围应用和人类对宇宙系统的无尽探索，都极大地扩大和加深了人类对自然界、对整个宇宙系统的认知。当今世界，新技术革命、新科技革命和全球产业变革如火如荼，以分秒必争的速度对世界整体格局产生深刻而重大的影响。以大数据、云计算、移动互联、量子通信等为代表的智能信息技术与产业；以清洁能源、新能源、新材料、生物能源等为代表的低碳绿色能源再生、再造、再循环技术与产业；以细胞生物学、基因工程、微生物学、酶工程、生命起源等为代表的生命科学、生物技术及其产业，都已经孕育兴起、开始走向实用化，带来新的产业革命，对世界、对一国经济社会发展格局产生极其重大而深远的影响。这或预示着一个以生态技术和生态产业变革为基础的生态社会及其文明形态的到来。

　　纵观人类社会不同文明发展阶段之生产力发展状况和产业特征，不同社会文明形态发展后一阶段与前一阶段及至更前阶段发展内容与表征存在很大程度的竞合；文明发展的历史范畴和时代范畴，总是互为影响、互为借鉴、承前启后、相伴相生。如在工业文明社会，大工业生产是社会生产的中心产业和主轴，但原始社会的采集和狩猎方式和农业社会的传统小农经济同样大范围存在。农业文明又推动了商品经济的繁荣，"一切部门——畜牧业、农业、家庭手工业——中生产的增加，使人的劳动力能够生产出超过维持劳动力所必需的产品"[①]。尽管反映不同文明的主要诉求及其历史发展差异、特定内涵不同，但都并存。这都表明，一种社会及其文明形态的形成，是人类社会文明形态不断地从较低层次向更高的层次发展变化、较低层次与较高层次交融并存、扬弃发展的"自然历史"的过程。工业文明本身孕育了生态文明的自然兴起。可以预见，生态文明社会的到

---

　　① 《马克思恩格斯选集》第 4 卷，人民出版社 1972 年版，第 157 页。

来，既是不以人的意志为转移的客观存在，就其发展历史阶段本身而言，它又是人类社会文明发展的较高阶段、较高形态，是崭新生态社会崭新的文明形态。

生态文明是中国共产党对中国式现代化和人类文明新形态的历史性贡献，是中国原创、中国话语和中国表达，凝聚东方智慧，体现中国方案。我们强调做全球生态文明建设的贡献者、参与者和引领者，这不是一句空话。从历史唯物观角度看，生态文明从根本上说，是受马克思主义生产力与生产关系矛盾对立统一规律支配的人类社会发展及其历史和文明形态的更高层次、更高阶段，更加符合人类社会发展由必然王国走向自由王国的发展趋势。在当代中国，我们党将生态文明建设作为治国理政重要方略。指导和推动经济社会可持续发展；统筹推进人口、资源、环境与经济、社会协调发展；建设环境友好型、资源节约型社会，实现人与社会和谐相处；建设人与自然和谐共生现代化；以人与自然生命共同体促进人类命运共同体。但同时也出现了将生态文明建设简单地与环境保护等同，甚至发挥其"工具价值"，搞伪生态文明建设的情况。如把生态环境保护和经济发展二者对立起来，认为只要搞经济建设，就一定会破坏生态环境；只要抓生态环境建设，经济发展就应当束之高阁，为懒政、庸政、惰政找借口。数年前，在京津冀区域雾霾横行时，一些地方为了治理雾霾，搞一刀切，在寒冬时节将数百辆大卡车强堵在路边，滞留时间长达数小时；我国宣布碳达峰碳中和双碳目标后，一些地方把"碳达峰"变成"碳冲锋"，运动式"减碳""拉闸限电"，甚至直接关停企业；等等。这都是没有把握好生态文明建设的实质和历史性趋势，没有吃准吃透新发展理念和高质量发展的核心要义，没有实现好新旧动能的转换。

从话语表达看，我国对生态文明建设还没有把发展的眼光和依托力量真正放在能源技术的彻底性革命上来。工业文明所以能够引领人类文明数百年，归根结底在工业化的技术和产业。我们要引领新的生态文明，就必须有相较于工业文明而言的能够卡住别人脖子的"硬通货"、硬实力。必须始终坚持以经济建设为中心的出发点，在当前生态文明已成为历史趋势的背景下，要能够突破能源绿色低碳发展等关键核心技术。唯其如此，才能够通过市场资源配置效应，成就中国绿色国民经济新常态，使绿色产业革命成为新时代中国发展新动能。正如党的二十大提出，站在人与自然和谐共生的高度谋划发展。

这就是"生态文明体系"的理论意义和使命担当。正如本书所反复强调的，生态文明建设，当其或有希望以生态社会全面转型的形态出现，作为社会形态全面构成要素的经济基础、产业基础、国家治理、制度建设、社会面貌、文化形态，表现怎样、如何转型、以何种方式转型，都不是马克思和恩格斯在那个时代所能完全预见，尽管他们认识到共产主义社会最终是人与自然和解的社会，但以人类更高文明发展阶段出现的"生态社会"，而非按照阶级社会——原始社会、奴隶社会、封建社会、资本主义社会、共产主义社会五种形态顺序更替，马克思主义经典创始人没有给出具体答案。习近平生态文明思想首次完整提出了"生态文明体系"的概念范畴和发展范式，涉及生态文化体系、生态经济体系、生态环境质量目标责任体系、生态文明制度体系和生态安全体系等五大方面。这里根本的意义在于，它实质上为我们所要建设的人与自然和谐的生态文明社会指明了怎样建设生态文明的实践体系，提供了基于经济建设、政治建设、文化建设和社会建设全方位、绿色化的转向转型之路。这即是习近平生态文明思想的理论与实践魅力。

作为国家社会科学基金资助图书，本书正是基于如上思考，既以习近平生态文明思想为总遵循，又将习近平生态文明思想、马克思主义关于人与自然关系的思想贯穿始终，从而为生态文明五大体系提供了各个体系建设的基础理论。

笔者长期致力于生态文明基础理论研究和生态文明政策阐释。近年主要致力于习近平生态文明思想重大文献、理论渊源、学科体系、学术体系、话语体系、历史贡献、国际影响等系统研究、体系构建和话语引领，特别是习近平生态文明思想与习近平新时代中国特色社会主义思想内在逻辑研究，统筹生态文明建设与经济社会发展，推动习近平生态文明思想理论化、大众化、国际化。

2018 年 5 月，全国生态环境保护大会首次正式提出和确立习近平生态文明思想，习近平总书记首次提出和要求"加快构建生态文明体系"后，特别是结合党的十九届五中全会提出"推动经济社会全面绿色转型"，笔者对怎样在更高水平建设生态文明，怎样使中国做全球生态文明建设的重要参与者、贡献者、引领者的思考更为深入。也正是基于此，为了使本书更为经受得住理论和实践的双重检验，使各个组成部分理论厚重度得以彰显，笔者将早期同中国社会科学院哲学所余谋昌先生共同著作的《生态文明：人类社会全面绿色转型》以及笔者执笔、时任原环境保护部副部长潘岳主编的《生态文明简明知识读本》的许多原创性理念性成果补充和丰富到了本著作中来。同时，笔者近年发表在《人民日报》《人民日报海外版》《求是》《光明日报》《红旗文稿》《中国环境报》等中央媒体以及

《管理世界》《哲学研究》《中国人口·资源与环境》《党的文献》《自然辩证法研究》等核心期刊上的系列论文以及与该基金相关的一些阶段性成果，均拓展到了本书中，从而使本书的立场、观点，与笔者多年来持续深化的观点、立场相一致，尽最大可能使国内首个专门以"生态文明体系"为研究对象的著作观点翔实、理论厚重。同时，党的二十大精神、有关新表述，一并补充和丰富到该书之中。

本书在著作、编著过程中，一些章节的部分内容特邀请业界同仁参与其中。这里如，首都经济贸易大学彭文英、中国社会科学院生态文明研究所李萌就生态安全的基本概念、生态底线与生态红线提供了部分内容；上海海事大学教师王慧、上海财经大学博士研究生姜彩云分别就流域安全治理、环境立法与生态文明制度体系之间的关系撰写相关内容。此外，北京林业大学博士研究生黄蕊蕊、中国社会科学院硕士研究生郑义就马克思恩格斯劳动异化、科技异化、消费异化思想，钱学森产业革命理论，《巴黎协定》《2030 年可持续发展议程》等提供了许多素材，辅助撰写有关内容，同时一并做了大量如文稿校核、文献核对等辅助性工作。

本书阶段性成果并及全部文稿完成过程中，中国社会科学院学部委员潘家华，国务院发展研究中心资源与环境研究所研究员高世楫，中国社会科学院生态文明研究所研究员杨开忠、张永生、庄贵阳，以及梁本凡、陈洪波、王谋、何丽、罗勇、娄伟、李萌、庄立、薛苏鹏等同事持续给予了许多支持，提出了许多宝贵意见。

本书在编辑出版过程中，中国社会科学出版社副总编辑王茵、责任编辑李凯凯同志做了大量工作，付出了辛勤劳作。

笔者谨向上述同仁、同事，青年学者、学生们一并表示感谢。学术探求无止境。限于笔者水平以及其他方方面面的原因，对于其中错误、缺失、不足，仍如前言所请求，敬请读者批评指正、不吝赐教。

黄承梁

2022 年 7 月初稿

2023 年 2 月定稿